Tarif und Technik des staatlichen Fernsprechwesens.

BEITRAG

zur

Systemfrage der technischen Einrichtungen

von

Ingenieur Hans Carl Steidle,

Kgl. Bayer. Oberpostassessor, München.

II. Teil:

(Anhang zum I. Teil.)

Die Schaltungsanordnungen des gemischten Systems.

17 Tabellen, 188 Stromlaufbeschreibungen, 12 Tafeln (Stromlaufzeichnungen).

München und Berlin.

Druck und Verlag von R. Oldenbourg.

1906.

Tabelle I der Schalt- und Bedienungsvorgänge.

Nr.	Vorgang	Zugehörige Stromläufe	Bemerkung
1	Ruhezustand der Sprechstellen (Fernladung).	1.	
2	Teilnehmer 1840 hängt den Hörer aus.	2.	
3	Die Anruflampe A. L. leuchtet auf.	3.	
4	Abfragestecker A. St. in Abfrageklinke 1840 und Sprechhebel S. H. in Abfragestellung.	4.	Verbindung zweier Teilnehmerhauptstellen.
5	Die Anruflampe erlischt. — Entgegennahme der gewünschten Rufnummer.	5. 6.	
6	Verbindungsstecker V. St. in Vielfachklinke 4000 nach erfolgter Besetztkontrolle.	7.	
7	Sprechhebel S. H. in Ruflage drücken! Teilnehmerwecker 4000 ertönt.	8.	
8	Sprechhebel S. H. in Durchsprechstellung.	9.	
9	Die Überwachungslampe leuchtet.	10.	I. Fall.
10	Teilnehmer 4000 nimmt nach erfolgtem Anruf den Hörer vom Haken.	11.	Der gewünschte Teilnehmer 4000 ist frei.
11	Die Überwachungslampe Ü. L. erlischt.	11.	
12	Die Teilnehmer 1840 und 4000 sprechen miteinander.	12 und 13.	
13	Die Teilnehmer 1840 und 4000 hängen die Hörer ein.	10 und 14.	—
14	Schlußlampe S. L. und Überwachungslampe Ü. L. leuchten.		
15	Abfrage- und Verbindungsstecker ziehen!		Hierzu Tafel I, II, III.
16	Schlußlampe S. L. und Überwachungslampe Ü. L. erlöschen.	15.	
17	Ruhezustand der Sprechstellen (Fernladung).	1.	

Tabelle II der Schalt- und Bedienungsvorgänge.

Nr.	Vorgang	Zugehörige Stromläufe	Bemerkung
1	Ruhezustand der Sprechstellen (Fernladung).	1.	
2	Teilnehmer 1840 hängt den Hörer aus.	2.	
3	Die Anruflampe A. L. leuchtet auf.	3.	Verbindung zweier Teilnehmerhauptstellen.
4	Abfragestecker A. St. in Anfrageklinke 1840 und Sprechhebel in Abfragestellung.	4.	
5	Die Anruflampe A. L. erlischt. Entgegennahme der gewünschten Nr.	5. 6.	
6	Verbindungsstecker V. St. in Vielfachklinke 4000 nach erfolgter Besetztkontrolle.		
7	Mitteilung: »Vorgemerkt« an 1840, dann Sprechhebel in Durchsprech- und Vormerkhebel V. H. in Wartestellung.	16.	II. Fall.
8	Die Vormerklampe V. L. leuchtet.	17. 18.	Der gewünschte Teilnehmer ist belegt.
9	Teilnehmer 1840 hängt den Hörer ein.	1.	
10	Die vormerkweise hergestellte Verbindung wird frei.	19.	A.
11	Die Vormerklampe erlischt.	19.	
12	Vormerkhebel in Ruflage, dann in Durchsprechstellung.	20.	Die Verbindung wird vormerkweise an der Vielfachklinke hergestellt.
13	Die Wecker 1840 und 4000 ertönen, die Vormerklampe, Schlußlampe und Überwachungslampe leuchten auf.	20. 10. 14. 21. 22. 23.	
14	Die Teilnehmer 1840 und 4000 hängen die Hörer aus.	24.	
15	Die Vormerklampe, Schlußlampe und Überwachungslampe erlöschen.	25.	
16	Teilnehmer 1840 spricht mit Teilnehmer 4000.	12 und 13.	
17	Die Teilnehmer hängen die Hörer ein.	10. 14.	
18	Schluß- und Überwachungslampe leuchten.		Hierzu Tafel I, II, III.
19	Stecker ziehen!	15.	
20	Ruhezustand der Sprechstellen (Fernladung).	1.	

Tabelle III der Schalt- und Bedienungsvorgänge.

Nr.	Vorgang	Zugehörige Stromläufe	Bemerkung
1	Ruhezustand der Sprechstellen (Fernladung).	1.	
2	Teilnehmer 1840 hängt den Hörer aus.	2.	
3	Die Anruflampe leuchtet auf.	3.	
4	Abfragestecker in Abfrageklinke 1840 und Sprechhebel in Abfragestellung.	4.	Verbindung zweier Teilnehmerhauptstellen.
5	Die Anruflampe erlischt. Bittel	5. 6.	
6	Verbindungsstecker in die Vormerkklinke des Schnurpaares, dessen Verbindungsstecker die Teilnehmervielfachklinke 4000 besetzt.	16.	
7	Mitteilung an 1840: »Vorgemerkt.«		
8	Vormerkhebel in Wartestellung, Sprechhebel in Durchsprechstellung.	26. 18.	III. Fall. Der gewünschte Teilnehmer ist belegt.
9	Vormerklampe leuchtet.		
10	Das Schnurpaar, dessen Vormerkklinke besetzt ist, wird frei.	10. 14. 27.	
11	Schlußlampe — Überwachungslampe leuchten und die Vormerklampe gibt Flackersignale.		
12	Verbindungsstecker in 4000 mit Stecker in der Vormerkklinke vertauschen! Abfrage- und Verbindungsstecker des erledigten Schnurpaares in Ruhelage!	28. 29.	B. Die Verbindung wird vormerkweise an der Vormerkklinke hergestellt.
13	Die Vormerklampen am erledigten und vormerkweise gesteckten Schnurpaare erlöschen, desgl. die Schluß- und Überwachungslampe.		
14	Vormerkhebel in Ruf- und dann in Durchsprechstellung.	20.	
15	Die Vormerklampe — Schluß- und Überwachungslampe leuchten.	20. 10. 14. 21. 22. 23.	
16	Die Teilnehmer 1840 und 4000 hängen die Hörer aus.	24.	
17	Die Vormerk-, Schluß- und Überwachungslampe erlöschen.	25.	
18	Die Teilnehmer 1840 und 4000 sprechen miteinander.	12. 13.	Hierzu Tafel I, II, III.
19	Die Teilnehmer 1840 und 4000 hängen die Hörer ein.	10. 14.	
20	Die Schluß- und Überwachungslampe leuchten.		
21	Stecker ziehen.	15.	
22	Ruhezustand der Sprechstellen.	1.	

Tabelle IV der Schalt- und Bedienungsvorgänge.

Nr.	Vorgang	Zugehörige Stromläufe	Bemerkung
1	Ruhezustand der Sprechstellen (Fernladung).	1.	
2	Teilnehmer 1840 hängt den Hörer aus.	2.	Verbindung zweier Teilnehmerhauptstellen.
3	Die Anruflampe leuchtet auf.	3.	
4	Sprechhebel der vorgemerkten Verbindung vorübergehend in Abfragestellung.	4.	
5	Entgegennahme der gewünschten Rfn. 4000.	5. 6.	
6	Abfragestecker in Vielfachklinke 1840. Sprechhebel in Abfragestellung! Die Anruflampe erlischt.	4. 5. 6.	IV. Fall.
7	Verbindungsstecker nach Besetztkontrolle in Vielfachklinke 4000.	7.	Der rufende Teilnehmer ist an der Abfrageklinke vorgemerkt.
8	Sprechhebel in Ruf- und dann in Durchsprechstellung.	8. 9.	
9	Der Wecker der Sprechstelle 4000 ertönt, die Überwachungslampe leuchtet auf.	7. 10.	
10	Teilnehmer 4000 nimmt den Hörer vom Haken.	11.	
11	Die Überwachungslampe erlischt.		Der gewünschte Teilnehmer ist frei.
12	Die Teilnehmer 1840 und 4000 sprechen miteinander.	12. 13.	
13	Die Teilnehmer 1840 und 4000 hängen die Hörer ein.	10. 14.	———
14	Schluß- und Überwachungslampe leuchten.		
15	Stecker ziehen!	15.	Hierzu Tafel I, II, III.
16	Ruhezustand der Sprechstellen.	1.	

Tabelle V der Schalt- und Bedienungsvorgänge.

Nr.	Vorgang	Zugehörige Stromläufe	Bemerkung
1	Ruhezustand der Haupt- und Nebenstellen (Fernladung).	30. 31.	
2	Nebenstelle N von Handbetriebszwischenumschalter H. Z. U. nimmt den Hörer vom Haken.	32. 33.	
3	Die Klappe Kl. von H. Z. U. 5000 fällt; der Gleichstromwecker G. W. ertönt.	32. 33. 34.	
4	Klappe heben! Hebel H₂ nach abwärts drücken, Hörer aushängen.	35.	Verbindung zweier Nebenstellen verschiedener Handbetriebszwischenumschalter. (Verkehr über die Handbetriebszentrale.)
5	Abfragen! »Amt!« (Antwort des Teilnehmers an der Nebenstelle.)	36. 37.	
6	Hebel H₁ drücken, Hörer einhängen!	38. 39.	
7	Die Anruflampe leuchtet auf.	40.	
8	Abfragestecker in Klinke 5000, Sprechhebel in Abfragestellung. »Bitte!« Rfm. 8000!	41. 42.	
9	Verbindungsstecker in Vielfachklinke 8000. Rufen!	7.	
10	Der Wechselstromwecker der Zwischenstelle H. Z. U. 8000 ertönt.	43. 44.	
11	H. Z. U. 8000. Hebel H₁ drücken! Hörer aushängen!	45.	
12	Die Überwachungslampe erlischt.		
13	Nebenstelle N an H. Z. U. 5000 wünscht N₂ von H. Z. U. 8000.	46. 47.	
14	H. Z. U. 8000 Hebel H₂ drücken! Mit Induktor rufen!	48.	
15	N₂ von H. Z. U. 8000 nimmt den Hörer vom Haken.	49.	
16	H. Z. U. 8000. Schlußklappe heben! (Die Schlußklappe fällt hierbei als Überwachungssignal.)		
17	N₁ und N₂ sprechen miteinander.	50. 51.	Hierzu Tafel I, II, III, IV.
18	N₁ und N₂ hängen die Hörer ein.	52. 53.	
19	Schlußklappen der Zwischenstellen fallen, Gleichstromwecker ertönen, Schluß- und Überwachungslampe leuchten.	52. 53. 32. 33. 34. 54.	
20	Stecker ziehen im Amt! Klappen heben und Hebel normal stellen bei den Zwischenstellen!	15. 55. 56.	
21	Ruhezustand der Haupt- und Nebenstellen.	30. 31.	

Tabelle VI der Schalt- und Bedienungsvorgänge.

Nr.	Vorgang	Zugehörige Stromläufe	Bemerkung
1	Ruhezustand der Haupt- und Nebenstellen (Fernladung).	30. 31.	
2	Nebenstelle N₁ an H.Z.U. 8000 hängt den Hörer aus.	57.	Verbindung zweier Nebenstellen des gleichen Handbetriebs-zwischenumschalters. (Interner Verkehr.)
3	Die Klappe Kl. N₁ fällt und G.W. ertönt.	58.	
4	Klappe heben! Hebel H₂ drücken, Hörer aushängen!	59.	
5	»Bitte!« »Nebenstelle II!« (Antwort des Teilnehmers bei N₁.)	60.	
6	Hebel H₃ drücken! Rufen! (Induktor!)	61.	
7	N₂ hängt den Hörer aus.	} 62.	
8	Schlußklappe heben! (Die Schlußklappe ist als Überwachungssignal gefallen.)		
9	N₁ und N₂ sprechen miteinander.	63.	
10	N₁ und N₂ hängen die Hörer ein.	64.	——
11	Schlußklappe S.K. fällt. G.W. ertönt.	64. 54.	
12	Hebel H₂ und H₃ normal stellen! Schlußklappe heben.	55. 56.	**Hierzu Tafel I, IV.**
13	Ruhezustand der Haupt- und Nebenstellen.	30. 31.	

Tabelle VII der Schalt- und Bedienungsvorgänge.

Nr.	Vorgang	Zugehörige Stromläufe	Bemerkung
1	Ruhezustand der automatischen Gruppenstellen.	65. 66. 67.	
2	Teilnehmer 5020 Stelle IV. prüft auf Besetztsein und hängt den Hörer aus.	68 bis 75 inkl. 76.	
3	Die Anruflampe im Amt leuchtet auf.		
4	Abfragestecker in Klinke 5020, Sprechhebel in Abfragestellung. »Bitte!«	77.	Verbindung zweier automatischer Gruppenstellen.
5	»Stelle IV wünscht 8010 Stelle II« (Antwort des Teilnehmers).		
6	Vormerktaster IV (Abfrageseite) drücken, Verbindungsstecker in Vielfachklinke 8010 nach erfolgter Besetztkontrolle, Vormerktaster II (Verbindungsseite) drücken!	78.	
7	Vormerkhebel in Wartestellung und Mitteilung an 5020 Stelle IV: »vorgemerkt«. Sprechhebel in Durchsprechstellung. Die Vormerklampe leuchtet.	79.	
8	Teilnehmer 5020 Stelle IV. hängt den Hörer ein.		
9	Der Gruppenumschalter stellt sich in Ruhelage und gibt die Gruppenstellen zum Verkehr[1] frei.	80 bis 84 inkl.	verschiedener Gruppen. (Verkehr über die Handbetriebszentrale.)
10	Die vormerkweise hergestellte Verbindung wird frei!		
11	Die Vormerklampe erlischt!		
12	Vormerkhebel in Ruflage, dann in Durchsprechstellung!	85 bis 91 inkl.	
13	Sprechhebel in Abfragestellung, Rückruftaster drücken und Wählscheibe von Nr. IV zurückdrehen, Wählscheibe von II zurückdrehen und ablaufen lassen! Sprechhebel in Ruflage, Wählscheibe von II zurückdrehen und ablaufen lassen!		
14	Die Überwachungslampe, Schlußlampe und Vormerklampe leuchten.[2]	92. 93. 94. 95. 96.	
15	Die Teilnehmer 5020 Stelle IV und 8010 Stelle II nehmen die Hörer vom Hakenumschalter.	97.	Hierzu Tafel I, II, III, V.
16	Überwachungslampe, Schlußlampe und Vormerklampe erlöschen.	98.	
17	Die Teilnehmer 5020 Stelle IV und 8010 Stelle II sprechen miteinander.	99. 100.	
18	Die Teilnehmer hängen die Hörer ein.		
19	Schluß- und Überwachungslampe leuchten.	95. 96.	
20	Stecker ziehen!	101. 102. 103.	
21	Ruhezustand der Sprechstellen.	65. 66. 67.	

[1] Zur Ermöglichung der Abnahme weiterer Anrufe aus der Teilnehmergruppe während des Bestehens vormerkweiser Verbindungen sind der Abfrageklinke im Abfragefeld noch zwei weitere Klinken in Parallelschaltung zugeordnet. — [2] Man beachte, daß die drei Lampen nur dann zum Aufleuchten gebracht werden können, wenn die unter Nr. 12 und 13 vorgeschriebenen Manipulationen von der Beamtin auch wirklich ausgeführt werden, da ein Anruf ohne vorhergegangenes Auswählen des Teilnehmers für das Überwachungs- und Schlußrelais keinen Stromschluß herstellt.

2

Tabelle VIII der Schalt- und Bedienungsvorgänge.

Nr.	Vorgang	Zugehörige Stromläufe	Bemerkung
1	Ruhezustand der automatischen Gruppenstellen.	65. 66. 67.	
2	Teilnehmer 5020 Stelle IV prüft auf Besetztsein und hängt den Hörer aus.	68 bis 75 inkl.	
3	Die Anruflampe im Amt leuchtet auf.	76.	
4	Abfragestecker in Klinke 5020, Sprechhebel in Abfragestellung: »Bitte!« (Aufforderung der Beamtin zur Rufnummerbekanntgabe.)	77.	Verbindung zweier automatischer Gruppenstellen der gleichen Gruppe. (Interner Verkehr.)
5	Stelle IV wünscht Stelle II. (Antwort des Teilnehmers.)		
6	Rückruftaster drücken, Wählscheibe von Nr. II zurückdrehen, ablaufen lassen durch Drücken der Taste T! Sprechhebel in Durchsprechstellung!	86. 87. 104.	
7	Wecker von Stelle II ertönt.	105.	
8	Die Schlußlampe leuchtet, bis Teilnehmer 5020 Stelle II den Hörer vom Haken nimmt.	95.	
9	Teilnehmer 5020 Stelle VI hängt den Hörer aus.	97.	
10	Teilnehmer Stelle IV spricht mit Teilnehmer Stelle II.	106.	
11	Beide Teilnehmer hängen die Hörer ein.	95.	
12	Die Schlußlampe leuchtet auf.		
13	Stecker ziehen!	80 bis 84, 101 bis 103 inkl.	**Hierzu Tafel I, II, III, V.**
14	Ruhezustand der Sprechstellen.	65. 66. 67.	

Tabelle IX der Schalt- und Bedienungsvorgänge.

Nr.	Vorgang	Zugehörige Stromläufe	Bemerkung
1	Ruhezustand der Sprechstellen (Fernladung).	107. 133.	
2	Teilnehmer 800 hängt den Hörer aus.	108.	
3	Die Anruflampe leuchtet auf.	109.	
4	Abfragestecker in Klinke 800 und Sprechhebel in Abfragestellung. »Bitte!«	110. 111. 112.	
5	Nr. 60001 (Antwort des Teilnehmers.)	113.	
6	Verbindungsstecker in Vielfachklinke 6000 nach erfolgter Kontrolle auf Besetztsein, Sprechhebel in Ruflage, dann in Durchsprechstellung.	115 bis 120 inkl.	Verbindung einer Sprechstelle mit selbsttätigem mechanischem Zähler im Amt (800) und einer selbstkassierenden Sprechstelle (6000).
7	Der Wecker 6000 tönt, die Überwachungslampe leuchtet.	122.	I. Fall.
8	Teilnehmer an der selbstkassierenden Sprechstelle hängt den Hörer aus.	123.	Die Verbindung kommt wunschgemäß zustande.
9	Die Überwachungslampe erlischt.	124. 125.	
10	Teilnehmer 800 und 6000 sprechen miteinander.	126. 127.	
11	Teilnehmer 800 und 6000 hängen die Hörer ein.		
12	Die Schlußlampe leuchtet, der Zähler zählt und die Anruflampe leuchtet als Quittung für die erfolgte Zählung.	128. 129.	
13	Stecker ziehen!		—
14	Ruhezustand der Sprechstellen!	107.	Hierzu Tafel I, VII, IX.

Tabelle X der Schalt- und Bedienungsvorgänge.

Nr.	Vorgang	Zugehörige Stromläufe	Bemerkung
1	Ruhezustand der Sprechstellen.	107. 133.	
2	Teilnehmer 800. hängt den Hörer aus.	108.	
3	Die Anruflampe leuchtet auf.	109.	Verbindung einer Sprechstelle mit Zähler im Amt (800) und einer Sprechstelle (6100).
4	Abfragestecker in Klinke 800; Sprechhebel in Abfragestellung: »Bitte!«	110. 111. 112.	
5	Nr. 6100!	113.	
6	Verbindungsstecker in Vielfachklinke 6000 statt in 6100 nach erfolgter Besetztkontrolle; Sprechhebel in Ruflage, dann in Durchsprechstellung.	115 bis 120 inkl.	
7	Der Wecker 6100 ertönt, die Überwachungslampe leuchtet.		II. Fall.
8	Teilnehmer 6000 hängt den Hörer aus.	122.	Die Verbindung kommt nicht wunschgemäß zustande, da Teilnehmer 800 aus Versehen falsch verbunden wurde.
9	Die Überwachungslampe erlischt.	123.	
10	Teilnehmer 6000 meldet sich am Telephon, worauf Teilnehmer 800 nach Erkenntnis, daß eine Fehlverbindung vorliegt, mit den Worten: »Falsch verbunden!« den Hörer an den Haken hängt.	124 und 125. 130. 131. 132.	
11	Die Schluß- und Überwachungslampe leuchten auf.	128. 129.	
12	Stecker ziehen!		
13	Ruhezustand der Sprechstellen!	107.	Hierzu Tafel I, VII, IX.
	(Der Zähler hat in diesem Falle nicht gezählt, ebenso wie auch im Falle des Belegtseins bzw. des Nichterscheinens des gewünschten Teilnehmers eine Zählung nicht erfolgt.) NB! Von einer besonderen Behandlung der beiden letzten Fälle kann abgesehen werden, da die Schalt- und Bedienungsvorgänge der Tabelle X den allgemeinsten, die beiden genannten Vorgänge als Spezialfälle aufnehmenden Fall bezeichnen.		

Tabelle XI der Schalt- und Bedienungsvorgänge.

Nr.	Vorgang	Zugehörige Stromläufe	Bemerkung
1	Ruhezustand der Sprechstellen (Fernladung).	107. 133.	
2	Teilnehmer 6000 wirft eine Münze in die Sprechstelle, drückt die Ruftaste und nimmt den Hörer vom Haken.	134.	
3	Die Anruflampe leuchtet auf.	135. 136.	
4	Abfragestecker in Klinke 6000. Sprechhebel in Abfragestellung. »Bitte!«	137.	Verbindung der selbstkassierenden Sprechstelle (Nr. 6000) mit der Sprechstelle 800.
5	Nr. 800. (Antwort des Teilnehmers.)		
6	Verbindungsstecker in Vielfachklinke 800 nach erfolgter Besetztkontrolle, Sprechhebel in Ruflage.	138.	
7	Der Wecker 800 ertönt; die Überwachungslampe leuchtet.	139.	I. Fall.
8	Teilnehmer 800 nimmt den Hörer vom Haken.	124. 125.	
9	Teilnehmer 6000 und 800 sprechen miteinander.	140. 141.	Die Verbindung kommt wunschgemäß zustande.
10	Teilnehmer 6000 und 800 hängen die Hörer ein.		
11	Die Schlußlampe leuchtet auf.	128. 129.	
12	Stecker ziehen!	107. 133.	Hierzu Tafel I, VIII, IX.
13	Ruhezustand der Sprechstellen.		

Die Münze wird bei dem nächsten Anrufe mechanisch einkassiert.

Tabelle XII der Schalt- und Bedienungsvorgänge.

Nr.	Vorgang	Zugehörige Stromläufe	Bemerkung
1	Ruhezustand der Sprechstellen.	107. 133.	
2	Teilnehmer 6000 wirft eine Münze in die Sprechstelle und drückt die Ruftaste.	134.	Verbindung der selbstkassierenden Sprechstelle Nr. 6000 mit der Sprechstelle 810.
3	Die Anruflampe leuchtet auf.	135. 136.	
4	Abfragestecker in Klinke 6000. Sprechhebel in Abfragestellung. »Bitte!«	137.	
5	Nr. 810. (Antwort des Teilnehmers.)		
6	Verbindungsstecker in Vielfachklinke 800 (Fehlverbindung) nach erfolgter Besetztkontrolle.	138.	
7	Sprechhebel in Ruflage, dann Durchsprechlage.		II. Fall.
8	Wecker 800 ertönt, die Überwachungslampe leuchtet.		Die Verbindung kommt nicht wunschgemäß zustande, da Teilnehmer 6000 irrtümlich falsch verbunden wird.
9	Teilnehmer 800 hängt den Hörer aus und meldet sich am Telephon.	139.	
10	Teilnehmer 6000 erkennt, daß eine Fehlverbindung vorliegt und hängt mit den Worten: »Falsch verbunden« den Hörer ein.	142. 143.	
11	Die Überwachungs-, Schluß- und Rückzahllampe leuchtet auf. (Letztere gibt Flackersignale.)		Hierzu Tafel I, VIII, IX.
12	Rückzahltaste drücken und Stecker ziehen.	144. 128. 129.	
13	Ruhezustand der Sprechstellen.	107. 133.	
	Die eingeworfene Münze wird in diesem Falle, wie im Falle des Belegtseins bzw. des Nichterscheinens sdes gewünschten Teilnehmers zurückerstattet.		

Tabelle XIII der Schalt- und Bedienungsvorgänge.

Nr.	Vorgang	Zugehörige Stromläufe	Bemerkung
1	Ruhezustand der Gruppenstelle.	145. 146.	Selbstanschlußgruppenstelle mit Tarifzonenkontrollvorrichtung und automatischer Sperrung.
2	Der Teilnehmer nimmt den Hörer vom Hakenumschalter.	147. 148.	
3	Der Teilnehmer führt das gewünschte Gespräch.	147.	I. Fall.
4	Der Teilnehmer hängt den Hörer ein.	152.	Die Beanspruchung der Gruppenstelle bewegt sich innerhalb der gemieteten Tarifzone.
5	Ruhezustand der Gruppenstelle.	145. 146.	Hierzu Tafel VI.

Tabelle XIV der Schalt- und Bedienungsvorgänge.

Nr.	Vorgang	Zugehörige Stromläufe	Bemerkung
1	Ruhezustand der Gruppenstelle.	145. 146.	Selbstanschlußgruppenstelle mit Tarifzonenkontrollvorrichtung und automatischer Sperrung.
2	Der Teilnehmer nimmt den Hörer vom Haken.	147. 148. 149.	
3	Die Warnlampe W. L. leuchtet als Zeichen für die Überlastung der Sprechstelle.	150.	II. Fall.
4	Der Teilnehmer meldet dies dem Amt und läßt sich in eine höhere Tarifklasse aufnehmen.		Die Beanspruchung der Gruppenstelle übersteigt die Grenze der gemieteten Tarifzone.
5	Der Teilnehmer hängt den Hörer ein.	152.	
6	Ruhezustand der Gruppenstelle.	145. 146.	Hierzu Tafel VI.

Tabelle XV der Schalt- und Bedienungsvorgänge.

Nr.	Vorgang	Zugehörige Stromläufe	Bemerkung.
1	Die Beamtin führt nach Entgegennahme des Wunsches der Sprechstelle 450: »5020, Stelle IV!« den Verbindungsstecker in eine freie Verbindungsklinke zum Verbindungsplatz der Selbstanschlußgruppenstellen ein.		
2	Die Signallampe am Verbindungsplatz leuchtet.	153.	Verbindung der Sprechstelle 450 (Zentralanschluß an eine bestehende Fernsprechanlage nach dem Zentralmikrophonbatterie-system) mit der Selbstanschlußgruppenstelle 5020iv.
3	Die Beamtin am Verbindungsplatz geht in Abfragestellung und nimmt den Wunsch des Teilnehmers 450 entgegen.	154.	
4	Verbindungsstecker V. St. am Verbindungsplatz in Vielfachklinke 5020 nach erfolgter Besetztkontrolle, Vormerkhebel in Wartestellung unter gleichzeitiger Mitteilung an Teilnehmer 450. »Vorgemerkt«, Sprechhebel in Durchsprechstellung.	155. 156. / 157. 158.	
5	Die vorgemerkte Verbindung wird frei; die Vormerklampe V. L. erlischt.	159.	
6	Vormerkhebel V. H. in Ruflage, dann in Durchsprechstellung, Sprechhebel S. H. in Ruflage, Sprechhebel V. H. in Ruflage, dann in Durchsprechstellung.	160. 161. 162.	Die Verbindung wird zunächst vormerkweise hergestellt.
7	Die Vormerklampe leuchtet; die Teilnehmerwecker 5020iv und 450 ertönen.[1]	163.	
8	Die Teilnehmer nehmen die Hörer vom Haken.	164.	
9	Die Teilnehmer 450 und 5020 Stelle IV sprechen miteinander.	165.	
10	Die Teilnehmer hängen die Hörer ein.	Stromläufe des Z. M. B. S.	
11	Das doppelte Schlußzeichensignal (S. L. und Ü. L.) erscheint am Vielfachumschalter der Zentralmikrophonbatterieanlage.		
12	Stecker ziehen.	167.	Hierzu Tafel X, V, l.
13	Die Signallampe am Verbindungsplatz leuchtet.	168.	
14	Verbindungsstecker ziehen.		

[1] Der Teilnehmerwecker 450 ertönt, sobald V. H. aus Wartestellung in Ruflage gebracht wird, Teilnehmerwecker 5020 Stelle IV dagegen ertönt nach erfolgtem Ablaufen der Wählscheibe; die Wecksignale kommen daher nicht genau gleichzeitig, jedoch rasch nacheinander.

Tabelle XVI der Schalt- und Bedienungsvorgänge.

Nr.	Vorgang	Zugehörige Stromläufe	Bemerkung
1	Die Beamtin führt nach Entgegennahme des Wunsches der Gruppenstelle 5020$_{II}$ den Verbindungsstecker in die Vielfachklinke 450, drückt den Vormerkhebel V. H. in Wartestellung und gibt dem Teilnehmer 5020$_{II}$ die Mitteilung: »Vorgemerkt.«	169. 170. 171. 172. 173. 174. 175. 176.	Verbindung der Gruppenstelle 5020$_{II}$ mit der Teilnehmerstelle 450 der bestehenden Anlage.
2	Die Vormerklampe leuchtet; desgleichen die Schluß- und Überwachungslampe.	177.	
3	Die vorgemerkte Verbindung wird frei; die Vormerklampe erlischt.	180. 178. 179.	
4	Vormerkhebel in Ruflage, dann in Durchsprechstellung.		
5	Die Vormerklampe, die Überwachungs- und Schlußlampe leuchten.	181. 182.	
6	Die Teilnehmerwecker 5020$_{II}$ und 450 ertönen.		
7	Teilnehmer 5020$_{II}$ und 450 nehmen die Hörer vom Haken.	185.	Die Verbindung wird zunächst vormerkweise hergestellt.
8	Vormerklampe, Überwachungs- und Schlußlampe erlöschen.		
9	Die Teilnehmer sprechen miteinander.	183. 184.	
10	Die Teilnehmer hängen die Hörer ein.	174. 186.	—
11	Schluß- und Überwachungslampe leuchten.		
12	Stecker ziehen.	187.	Hierzu Tafel I, V, XI.

Tabelle XVII der Schalt- und Bedienungsvorgänge.

Nr.	Vorgang	Zugehörige Stromläufe	Bemerkung
1	Die Beamtin führt nach Entgegennahme des Wunsches der Gruppenstelle 5020$_{IV}$: »8010 Stelle III« den Verbindungsstecker V. St. in eine freie Verbindungsklinke zum Verbindungsplatz der Selbstanschlußgruppenstellen ein.	153.	
2	Die Signallampe am Verbindungsplatz leuchtet.	154.	
3	Die Beamtin am Verbindungsplatz geht in Abfragestellung und nimmt den Wunsch des Teilnehmers 5020$_{IV}$ entgegen.	155. 156. 157. 158.	Verbindung zweier Gruppenstellen verschiedener Gruppen.
4	Verbindungsstecker V. St. am Verbindungsplatz in Vielfachklinke 8010 nach erfolgter Besetztkontrolle, Vormerkhebel in Wartestellung unter gleichzeitiger Mitteilung an Teilnehmer 5020$_{IV}$: »Vorgemerkt.« Sprechhebel in Durchsprechstellung V. L. leuchtet.	157. 158.	
5	Die vorgemerkte Verbindung wird frei! Die Vormerklampe erlischt.	159.	Die Verbindnng wird zunächst vormerkweise hergestellt.
6	Vormerkhebel V. H. in Durchsprechstellung, Sprechhebel S. H. in Ruflage, Stelle II wählen, Vormerkhebel in Ruf, dann in Durchsprechstellung.	160. 161. 162.	
7	Die Vormerklampe leuchtet, die Teilnehmerwecker 5020$_{IV}$ und 8010$_{II}$ ertönen.	analg. 163.	
8	Die Teilnehmer nehmen die Hörer vom Haken.	analg. 164.	
9	Die Teilnehmer sprechen miteinander.	analg. 165.	—
10	Die Teilnehmer hängen die Hörer ein.	analg. 174 und 188.	
11	Schluß- und Überwachungslampe glühen.	167.	Hierzu Tafel I, V, XI, X.
12	Stecker ziehen.	167.	
13	Die Signallampe am Verbindungsplatz leuchtet.	168.	
14	Verbindungsstecker ziehen!	168.	

Stromläufe.

Nr. 1	+ 14 Volt — A.R. — 1 an T.R. — L₁ — Teilnehmersprechstelle — 2 — u₁ — (+) Mz — 3 (Hörer eingehängt) — B₁ — B₂ — E — (—) 14 Volt (Amt).
» 2	Stromlauf 1 wird bei Kontakt 3 an der Teilnehmersprechstelle nach Aushängen des Hörers unterbrochen.
» 3	Amt: 14 Volt — 5 — 6 — A.L. — E — (—) 14 Volt.
» 4	Amt: + 30 Volt — 7 — 8 an V.H. — 9 — c an A.St. — c an A.R. — L₃ — T.R. — E — (—) 30 Volt.
» 5	Stromlauf 3 wird bei 6 durch Stromlauf 4 unterbrochen.
» 6	Amt: Primärstromkreis: 14 Volt — J_I — M — J_II — (—) 14 Volt. Sekundärstromkreis: J — 10 an R.T. — 11 an S.H. — a an A.St. — L₁ — Sprechstelle: — a — 2 — u₁ — T — T — 13 — 12 — b — L₂ — Amt: — b an A.St. — 14 an S.H. — 15 an R.T. — J. Sprechstelle: Primärstromkreis: + Mz — 16 — u₂ — M — 4 — (—) Mz.
» 7	Amt: + 30 Volt — 7 — 8 an V.H. — 7 — c an V.St. — c an V.K. von Rfn. 4000 — T.R. — E — (—) 30 Volt.
» 8	Amt: Wechselspannung: ∿ — 50 — 51 an W.R₁ — 52 an S.H. — 38 an V.H. — b an V.St. — L₂ Sprechstelle: b — 60 — 61 an H.U. — u₁ — 2 an H.U. — a — L₁ — Amt: — a an V.St. — 39 an V.H. — 62 an S.H. — 63 — 64. — Wechselspannung. —
» 9	Stromlauf 8 wird bei 52 und 62 an S.H. unterbrochen.
» 10	Amt: 30 Volt — 30 — U.R. — 34 an S.H. — 35 an Tr — III und IV an Tr — 36 und 37 an S.H. — 38 und 39 an V.H. — a und b an V.St. — L₁ und L₂ Sprechstelle: a und b — 16 + Mz — (—) Mz — 3 an H.U. — B₁ — B₂ — 69 — E — Amt: — (—) 30 Volt. U.R. zieht seinen Anker an und U.L. leuchtet: + 14 V — 76 — U.L. — E — (—) 14 Volt.
» 11	Stromlauf 10 wird bei 3 an H.U. der Sprechstelle unterbrochen. — U.R. gibt seinen Anker frei und unterbricht Kontakt: 76.
» 12	Sprechstelle 1840: (+) Mz — 16 — U₂ — M — 4 — (—) Mz. Sekundärstromkreis: U₁ — 2 an H.U. — a — L₁ — Amt: a an A.St. — 33 an S.H. — I + II an Tr — 32 an S.H. — b an A.St. — L₂ — Sprechstelle: — 60 — 12 an H.U. — 13 T — T — 67 — u₁.
» 13	Sprechstelle 4000: (+) Mz — 16 — U₂ — M — 4 — (—) Mz. Sekundärstromkreis: u₁ — 2 an H.U. — a — L₁ — Amt: a an V.St. — 39 an V.H. — 37 an S.H. — III + IV an T.R. — 36 an S.H. — 38 an V.H. — b an V.St. — L₂ — Sprechstelle: — b — 60 — 12 an H.U. — 13 — T — T — U₁.
» 14	Amt: + 30 Volt — 7 — 30 an V.H. — S.R. — 31 an Tr — I und II an Tr — 32 und 33 an S.H. — a und b an A.St. — L₁ und L₂ — Sprechstelle 1840: a und b — 16 — (+) Mz — (—) Mz — 3 an H.U. — B₁ — B₂ — 69 — E — Amt: — (—) 30 Volt.
» 15	Stromlauf 10 und 14 werden an der Vielfach- bzw. Abfrageklinke unterbrochen.
» 16	Amt: Besetztkontrolle: + 30 Volt (Kontrollspannung an der Vielfachklinke 4000, herrührend von einer bestehenden Verbindung) — Steckerspitze a von V.St. — 39 an V.H. — 37 an S.H. — III an Tr — 35 — 17 an S.H. — Ballastwiderstand W₃ — Erde — (—) 30 Volt. Die in Wickelung I + II von Tr bei Berühren des Prüfringes mit der Spitze von V.St. induzierten Stromstöße gelangen auf folgendem Weg in den Hörer der Beamtin: Wickelung I und II von Tr — W₁ an S.H. — 14 an S.H. — 15 an R.T. — J_III — T — J_IV — 10 an R.T. — 11 an S.H. — W₂ — I + II von Tr. Die Beamtin vernimmt das bekannte Prüfgeräusch, teilt dem Teilnehmer mit: »Vorgemerkt«, drückt den Vormerkhebel in Wartestellung und stellt die Verbindung vormerkweise her.

Stromläufe.

Nr. 17	Amt: $+$ 30 Volt (Kontrollspannung seitens der bestehenden Verbindung) — c an Vielfachklinke 4000 — c an V. St. — 25 an V. H. — V. R. — E — (—) 30 Volt.
» 18	Amt: $+$ 14 Volt — 26 an V. R. — V. L. — E — (—) 14 Volt.
» 19	Stromlauf Nr. 17 und 18 werden durch Wegnahme der Kontrollspannung beim Ziehen der Stecker nach Erledigung der zur Zeit der Vormerkung schon eingeleiteten Gesprächsverbindung unterbrochen.
» 20	Wechselspannung — 50 — 51 — an W. R_I — 83 an V. H. — 85 — nach beiden Richtungen (Abfrage- und Verbindungsseite) — von beiden Richtungen — 86 — 84 an V. H. — 63 an W. R_I — 64 Wechselspannung.
» 21	Stromlauf 20 wird bei 83 und 84 an V. H. unterbrochen.
» 22	Amt: $+$ 30 Volt — 100 — 101 — an V. H. — 92 — V. R. — E — (—) 30 Volt. Das Vormerkrelais wird erregt.
» 23	Amt: $+$ 30 Volt — 99 — 90 an S. R. — 91 an V. R. — 92 — V. R. — E — (—) 30 Volt. Das Vormerkrelais bleibt erregt, bis das S. R., welches nach Stromlauf 14 so lange seinen Anker angezogen hält, als der Teilnehmer 1840 den Hörer nicht aushängt, stromlos wird.
» 24	Stromlauf 10 und 14 werden an den Kontakten 3 beider Sprechstellen durch Aushängen der Hörer unterbrochen.
» 25	Vormerkrelais wird durch Unterbrechung an Kontakt 90 des S. R. unterbrochen, da S. R. nach Nr. 24 stromlos wird. U. R. wird gleichfalls nach Nr. 14 stromlos.
» 26	$+$ 30 Volt (Amt) — 108 — Hülse c der Vormerkklinke — c an V. St. — 25 an V. H. — 92 — V. R. — E — (—) 30 Volt (V. L. leuchtet).
» 27	$+$ 14 Volt (Flackerspannung) — 41 an Vr K. K. — 42 an Ü. R. — 43 — V. L. — Erde — (—) 14 Volt.
» 28	Stromlauf 27 wird durch Ziehen des vormerkweise in Vr K. K. gegebenen Steckers bei 41 unterbrochen.
» 29	Stromlauf 10 und 14 werden durch Ziehen der Stecker aus den Klinken unterbrochen.
» 30	Amt: $+$ 14 Volt — 120 — A. R. — 122 an T. R. — L_1 — Zwischenstelle: A. Z. U. 5000 — a — 123 an H_1 — M. W. — (+) M. Z. — (—) M. Z. — M — B — E — (—) 14 Volt.
» 31	Amt: $+$ 14 Volt — 121 — Ballastlampe B. L. — 124 an T. R. — L_2 — Zwischenstelle: H. Z. U. 5000: — b — 125 an H. Z. U. — 126 — 127 an K. L. — beide Wickelungen I und II — 128 und 129 — a und b von N. — L_1 und L_2 — Nebenstelle N: a und b — 16 — (+) M. Z. — (—) M. Z. — 3 an H. U. — B_1 — B_2 — 69 — E — (—) 14 Volt.
» 32	H. Z. U. 5000: Speisepunkt 126 (126 steht auf Grund des Stromlaufs 31 unter Zentralbatteriespannung) — 127 — Wickelung II an Kl. — 129 — b — L_2 — Nebenstelle N — Leitungswechsel — a — 130 — (der automatische Hebel von N befinde sich in Durchgangsstellung, Übergang von Ruhelage in Sprechlage) — E — (—) 14 Volt der Zentralladespannung.
» 33	Der Ladeteilstromweg: 126 — 127 — 128 — a — L_1 a — b — 60 — W — W — T — T — 67 — 16 — (+) Mz — (—) Mz 3 — B — B — 69 — E ist in der Durchgangslage des Hörerhakens H. U. bei 3 an H. U. von N unterbrochen.
» 34	H. Z. U. 5000: Speisepunkt 140 — 141 an Kl. (die Klappe ist gefallen) — G. W. an H. Z. U. 5000 — 142 — 143 — E — (—) 14 Volt der Zentralbatterie im Amt.

Stromläufe.

Nr. 35	Stromlauf 34 wird bei 141 unterbrochen.
» 36	H. Z. U. 5000: Primärstromkreis: (+) M. Z. — 144 — M — Jp — 145 (Hörer Hz ist ausgehängt) — (—) Mz. Sekundärstromkreis: Js — Hz — 146 — a — 147 — 148 an H_2 — 128 — a an H. Z. U. 5000 — L_1 — Nebenstelle N. — a — Leitungswechsel — b — 60 — 12 an H. U. — 13 — T — T — 67 — U_1 — 2 an H. U. — a — Leitungswechsel — b — L_2 — H. Z. U. 5000: — 129 — 149 an H_2 — 150 — b — Js.
» 37	Nebenstelle: Primärstromkreis: + M. Z. — 16 — U_2 — M — 4 an H. U. — (—) M. Z.
» 38	Stromlauf 30 wird bei 123 an H_1 von H. Z. U. 5000 unterbrochen und A. R. im Amte stromlos.
» 39	Stromlauf 36 (Primärstromkreis an H. Z. U. 5000) wird bei 145 unterbrochen.
» 40	Analog Stromlauf 3.
» 41	Analog Stromlauf 4.
» 42	Amt: Primärstromkreis: 14 Volt — J_1 — M — J_{II} — (—) 14 Volt. Sekundärstromkreis: J — 10 an R. T. — 11 an S. H. — a an A. St. — L_1 — H. Z. U. 5000 — a — 200 an H_1 — 148 an H_2 — 128 — a — L_1 — Nebenstelle: — Leitungswechsel: — b — 60 — 12 — 13 — T — T — 67 — U_1 — 2 — a — Leitungswechsel — b — L_2 — H. Z. U. 5000 — 129 — 149 an H_2 — 150 — Kondensator c — 201 an H_1 — 140 — L_2 — Amt: b an A. St. — 14 an S. H. — 15 an R. T. — J. Nebenstelle: Primärstromkreis: (+) M. Z. — 16 — U_2 — M — 4 — (—) Mz.
» 43	Amt: Wechselspannung: 50 — 51 an $W. R_1$ — 52 an S. H. — 38 an V. R. — b an V. St. — L_2 — Zwischenstelle: H. Z. U. 8000 — b — 157 an H_1 — 156 — W — W — W — 144 — Mw — 155 an H_1 — a — L_1 — Amt: — a an V. St. — 39 an V. H. — 62 an S. H. — 63 an $W. R_1$ — 64 — Wechselspannung.
» 44	Amt: (+) 30 Volt — 30 — U. R. — 34 — 35 — an Tr — III und IV an Tr — 36 und 37 an S. H. — 38 und 39 an V. H. — a und b an V. St. — L_1 und L_2 — H. Z. U. 8000 — a und b — 155 und 157 1) M. W. 144 — (+) M. Z. — (—) M. Z. — M — B — B — 143 — E — Amt: 2) 156 — 180 — 181 — I und II an Kl. N_1 — 182 und 183 an H_2 — a und b — L_1 und L_2 — N_1 a und b — 16 — (+) Mz — (—) Mz — 3 an H. U. — B — 69 — E — Amt: } → (—) 30 Volt.
» 45	Stromlauf: Nr. 44 ist bei 155 und 157 an H_1 von H. Z. U. 8000 unterbrochen.
» 46	Nebenstelle N. von H. Z. U. 5000. (Primärstromkreis) (+) Mz — 16 — U_2 — M — 4 an H. U. — (—) Mz. Sekundärstromkreis: U_1 — 67 — T. — T. — 13 — 60 — b — L_1 — H. Z. U. 5000 — 128 — 148 — 200 — a — L_1 — Amt: a von A. St. — 33 von S. H. — I + II an Tr — 32 an S. H. — b an A. St. — L_2 — H. Z. U. 5000: b — 140 — 201 an H_1 — Kondensator (2 Mf.) — 150 — 149 an H_2 — 129 — b — L_2 — Nebenstelle N: — b (Leitungswechsel) — a — 2 an H. U. — U_1.
» 47	Zwischenstelle: H. Z. U. 8000: Js — Hz — 146 — a — 210 — 211 — a — L_1 — Amt: — a an V. St. — 39 an V. H. — 37 an S. H. — III + IV an Tr — 36 an S. H. — 38 an V. H. — b an V. St. — L_2 — H. Z. U. 8000 — b — 215 an H_1 — Kondensator 2 Mf. 216 — b — Js an H. Z. U. 8000. Primärstromkreis der Zwischenstelle: (+) Mz — 144 — M — Jp — 145 (Hörer Hz ist ausgehängt) — (—) Mz.

Stromläufe.

Nr. 48	Wechselspannung am Induktor von H.Z.U. 8000: — 230 — 231 — a — 210 — 232 an H_2 — a — L_1 — Nebenstelle N_I — Leitungswechsel — b — 60 — W — W — 13 — 61 — 16 — U_1 — 2 — a — Leitungswechsel — b — L_2 — H.Z.U. 8000 — b — 233 — 234 — 216 — b — 235 — J — Jw. (Der Wechselstromwecker von N_I ertönt.)
» 49	Zwischenstelle: H.Z.U. 8000: Speisepunkt 250 (250 ist vom Amte her unter Spannung gehalten) — 211 an H_1 — 251 an A.W. — I + II — 233 an H_2 — b — L_2 — Nebenstelle N_I — b — Leitungswechsel — a — 130 an H.U. (Hakenumschalter in Durchgangslage) — E — (—) Pol der Speisepunktspannung. (Unter dem Einfluß dieses Stromlaufs zieht der Schlußzeichenelektromagnet seinen Anker an und bringt die Klappe, welche in diesem Falle als Überwachungssignal wirkt, zum Fallen.)
» 50	Nebenstelle N an H.Z.U. 5000. Primärstromkreis: (+) Mz — 16 — U_2 — M — 4 an H.U. — (—) Mz. Sekundärstromkreis: U_1 — 2 an H.U. — a — Leitungswechsel — b — L_2 — H.Z.U. 5000 — b — 129 — 149 — 150 — 2 Mf. — 201 — 140 — b — L_2 — Amt: — b von A.St. — 32 an S.H. — II + I an Tr — 33 an S.H. — a an A.St. — L_1 — H.Z.U. 5000 — a — 200 — 148 — 128 — a — L_1 — Nebenstelle N — a — Leitungswechsel — b — 60 — 12 — 13 T. — T. — 67 — U_r.
» 51	Nebenstelle N_I an H.Z.U. 8000. Primärstromkreis: (+) Mz — 16 — U_2 — M — 4 an H.U. — (—) Mz. Sekundärstromkreis: U_1 — 2 an H.U. — a — Leitungswechsel — b — L_2 — H.Z.U. 8000 — b — 233 — 234 — 2 Mf. — 215 an H_1 — b — L_2 — Amt — b von V.St. — 38 an V.H. — 36 an S.H. — IV + III an Tr — 37 an S.H. — 39 an V.H. — a an V.St. — L_1 — H.Z.U. 8000 — a — 250 — 211 an H_1 — 232 — a — L_1 — Nebenstelle N_I — a — Leitungswechsel — b — 60 — 12 an H.U. — 13 — T. — T. — 67 — U_r.
» 52	(Hörer an N von H.Z.U. 5000 und N_I von H.Z.U. 8000 in Durchgangslage) Amt: (+) 30 Volt — 7 — 8 — 30 an V.H. — S.R. — 31 an Tr — I — 33 an S.H. — a an A.St. — L_1 — H.Z.U. 5000: — a — 200 — 148 an H_2 — 128 — I + II von Kl. — 129 — b — L_2 — Nebenstelle N: — b — Leitungswechsel — a — 130 an H.U. — Erde — (—) 30 Volt.
» 53	Amt: + 30 Volt — Ü.R. — 34 an S.H. — 35 an Tr — III — 37 an S.H. — 39 — a an V.St. — L_1 — H.Z.U. 8000 — a — 250 — 211 — 251 — I + II 234 — 233 — b — L_2 — Nebenstelle N_I — b — Leitungswechsel — a — 130 an H.U. — E — (—) 30 Volt (im Amt).
» 54	Zwischenstelle: H.Z.U. 8000. Speisepunkt 270 — 271 an Ks — G.W. — 272 — Erde.
» 55	Zwischenstelle: H.Z.U. 5000: 200, 201, 141, 148 und 149 werden unterbrochen; 123 und 125 werden geschlossen.
» 56	Zwischenstelle: H.Z.U. 8000: 211, 215, 232, 271 und 233 werden unterbrochen; 155, 157, 182 und 183 werden geschlossen.
» 57	Analog 32 und 33.
» 58	Analog 32, 33 und 34.
» 59	Analog 35.
» 60	Analog 36 und 37.
» 61	Analog 48.

Stromläufe.

Nr.	
Nr. 62	Analog 49.
» 63	Nebenstelle N_{II}. Primärstromkreis: (+) Mz — 16 — U_2 — M — 4 — (—) Mz. Sekundärstromkreis: U_1 — 2 — a — Leitungswechsel — b — L_2 — b — 300 an H_3 — 234 — 233 an H_2 — b — L_2 — Nebenstelle N_I — b — Leitungswechsel — a — 2 — U_1 — 67 — T — T — 13 — 12 — 60 — b — Leitungswechsel — a — L_1 — H.Z.U. 8000 — a — 232 an H_2 — 305 — 306 — 307 an H_3 — a — L_1 — Nebenstelle N_{II} — a — Leitungswechsel — b — 60 — 12 — 13 — T — T — 67 — U_I.
» 64	Zwischenstelle: H.Z.U. 8000: Speisepunkt 270 — 157 an H_1 — 349 — 351 — 350 — I und II — 232 — 233 — 300 — und 307 — L_1 und L_2 von N_I und N_{II} — N_I und N_{II} — a und b von N_I und N_{II} — Abzweigpunkt 16 von N_I und N_{II} — B_I von N_I und N_{II} — B_{II} von N_I und N_{II} — Erde.
» 65	Amt: (+) 50 Volt — 120 und 121 — A.R. und N.L. (Nebenschlußlampe) — 122 und 124 an Tr R. — L_1 und L_2 — A.Z.U. (Gruppenumschalter G_I^{10}) — L_1 und L_2 — 500 und 501 — Dr I und Dr II — I und II von E.R. — 502 — 503 — R.R. — 504 — 506 — 507 — 508 — S.B. — Erde — (—) 50 Volt im Amt.
» 66	A.Z.U.: Speisepunkt 508 der Hauptverteilungsschiene H.S. — 509 — Fernladeverteilungsschiene F.S. — 510 — 511 — 512 — Ladewiderstand L.W. und Linienwickelung I von A.R$_{IV}$ — 513 und 514 an T.R$_{IV}$ — L_1 und L_2 — Gruppenstelle 5020$_{IV}$ — a und b — 16 — B_I — Gleichstromwecker für die Vormerkung — B_{II} — 69 — E — (—) S.B.
» 67	Analog 65 und 66 Stromlauf in Amtsanschlußleitung 1810 und Gruppe 8010$_I$ bis x.
» 68	Gruppenstelle 5020$_{IV}$: Prüfhebel P.H. nach rechts! Weckeranker a fällt ab, da Stromlauf 66 bei I an P.H. unterbrochen ist; Weckeranker a schließt Stromlauf 66 bei II; die Glocke kommt zum Ertönen als Zeichen dafür, daß die Leitung zum Amt frei ist.
» 69	A.Z.U. 5020 (automatischer Zwischenumschalter 5020) Speisepunkt 511 an der Fernladeverteilungsschiene F.S. — 512 — Wickelung I an A.R$_{IV}$ — 514 an T.R$_{IV}$ — L_1 — Gruppenstelle 5020$_{IV}$ — a — 130 — E — (—) S.B. an A.Z.U. 5020. (Der Hörerhaken befindet sich in Durchgangslage.)
» 70	Das Anrufrelais zieht seinen Anker an und schließt die Kontakte 604 und 616, damit folgende Lokalstromläufe veranlassend:
» 71	Hauptverteilungsschiene H.S. — 600 — 601 an Ab R. — 602 an Verteilungsschiene II. — Lokalwickelung II des Anrufrelais A.R$_{IV}$ — 604 — 605 — 606 (Verteilungsschiene III) — 607 — 608 — 609 — 610 — 611 — Relais I von R.Ü. — 621 — 612 — (—) S.B.
» 72	Hauptverteilungsschiene H.S. — 600 — 601 — Verteilungsschiene III — 603 — T.R.IV. — Verteilungsschiene II — 615 — 616 — 605 — 606 — 607 — 608 — 609 — 610 — 611 — R.Ü.$_I$ — 621 — 612 — (—) S.B. Das Trennrelais T.R$_{IV}$ und das Relais I der Rufübertragung R.Ü. ziehen die Anker an; hierdurch werden folgende Vorgänge veranlaßt:
» 73	Das Schlußrelais zieht an: Verteilungspunkt 500 der Amtsanschlußleitung — L_1 — Wickelung I von S.R. — Abzweigpunkt 630 — 632 an T.R$_{IV}$ — L_1 — Gruppenstelle 5020$_{IV}$ — a — 130 — E — (—) S.B. an A.Z.U. 5020.
» 74	Das Relais II der Rufübertragung zieht an und bringt das Relais I, welches durch das Ansprechen ersterem Gelegenheit zur magnetischen Erregung gegeben hat, in Ruhelage zurück. Stromlauf: Hauptverteilungsschiene H.S. — 600 — 601 an Ab R. — 602 an Verteilungsschiene II. — Lokalwickelung II des Anrufrelais A.R$_{IV}$ — 604 — 605 — 606 (Verteilungsschiene III) — 607 — 608 — Relais II von R.Ü. (610 ist geöffnet, da R.Ü$_I$ unter dem Einfluß von Stromlauf 72 seinen Anker angezogen hat) — 611 — 620 an R.Ü$_{II}$ — 621 — 612 — (—) S.B.

Stromläufe.

Nr. 75	Das Nebenschlußrelais N.R. zieht seinen Anker an, da R.Ü$_I$ vorübergehend Kontakt 700 schließt und den Ladestrom der Zentrale über die Windungen von N.R. umleitet. Stromlauf: Verteilungspunkte 500 und 501 der Amtsanschlußleitung — Dr$_I$ und Dr$_{II}$ — I und II von E.R. — 503 — Umwindungen von N.R. — 700 an R.Ü$_I$ — 701 — 507 an R.R. — 508 — (+) S.B. — (—) S.B. — Erde — (—) 50 Volt im Amt. Sobald das Nebenschlußrelais erregt ist, zieht es seinen Anker an und hält denselben fest, da der an R.Ü$_I$ vorübergehend hergestellte Kontakt 700 durch den parallel hierzu liegenden Kontakt 703 an N.R. ersetzt wird; das Festhalten des Ankers und damit die Parallelschaltung der Nebenschlußrelaiswickelung R.R. währt so lange, bis S.R. durch Öffnen des Stromlaufs 75 an Kontakt 707 den Ladestrom vom Amte her unterbricht. Das Abfallen des Ankers von R.R. muß aber eintreten, sobald N.R. sich zu R.R. parallel geschaltet hat, da N.R. mit seinem geringen Widerstand von 2,5 Ω dem R.R. mit 50 Ω nahezu allen Strom wegnimmt und dessen magnetischen Kraftfluß so schwächt, daß es seinen Anker entgegen der Rücktriebkraft der Ankerfedern nicht mehr zu halten vermag. Der nunmehr hergestellte Zustand der Schaltung bleibt bestehen, so lange der Hakenumschalter der Gruppenstelle 5020$_{IV}$ in Durchgangslage sich befindet; mit dem Eintreten desselben in Sprechlage gibt das Schlußrelais S.R. seinen Anker frei und entzieht durch Unterbrechung des Ladestroms dem Nebenschlußrelais N.R. den Haltestrom; es läßt also auch dieses seinen Anker in Ruhelage treten und hebt damit die Parallelschaltung mit R.R. auf, dasselbe zur Rückstellung vorbereitend. Der Teilnehmer ist jetzt allein an die Amtsanschlußleitung mittels Anruf- und Trennrelais angeschlossen, ebenso also, wie der Inhaber einer Sprechstelle mit eigener, ihm allein zur Verfügung stehender Anschlußleitung. Die Schaltebatterie ist von der Leitung abgetrennt und hält die selbsttätig erfolgte Verbindung während des Gesprächs aufrecht.
» 76	Die Anruflampe im Amte leuchtet, da der Ladestrom, unter dessen Einfluß das Anrufrelais den Lampenstromkreis geöffnet hält, verschwunden ist.
» 77	Amt: Primärstromkreis: + 14 Volt — I an J — M — II — (—) 14 Volt. Sekundärstromkreis: J — 10 an R.T. — 11 an S.H. — a an A.St. — L$_1$ — A.Z.U. 5020 — C$_I$ (4 Mf.) — 630 — 632 an T.R$_{IV}$ — L$_1$ — Gruppenstelle 5020$_{IV}$ — a — 2 — U$_1$ — 67 — T — 13 — 12 — 60 — L$_2$ — b — A.Z.U. 5020 — 633 an T.R$_{IV}$ — 631 — L$_2$ — C$_{II}$ (4 Mf.) — L$_2$ — Amt: b an A.St. — 14 an S.H. — 15 an R.T. — J. — Primärstromkreis an Gruppenstelle Nr. 5020$_{IV}$: (+) Mz — 16 — U$_2$ — M — 4 — (—) Mz.
» 78	Besetztkontrolle: analog Stromlauf 16.
» 79	Aufleuchten der Vormerklampe analog Stromlauf 18.
» 80	Die Kontrollspannung 30 Volt ist durch Öffnung der Kontakte 9 an V.H. und 99 an S.H. von beiden Steckerleitungen c weggenommen und damit der Speisestromkreis für das Trennrelais auf der Abfrageseite unterbrochen; dieses gibt seinen Anker frei und damit die Ladespannung auf die Amtsanschlußleitung 5020. Sobald demnach Teilnehmer 5020 Stelle IV seinen Hörer auf die Mitteilung des Amts: »Vorgemerkt« einhängt, entsteht folgender Stromlauf:
» 81	Amt: (+) 50 Volt — 120 und 121 — A.R. und N.L. — 122 und 124 an Tr.R. — L$_1$ und L$_2$ — A.Z.U. 5020 — L$_1$ und L$_2$ — S.R. I und II — 630 und 631 — 632 und 633 — L$_1$ und L$_2$ — Gruppenstelle 5020$_{IV}$ — a und b — 16 — B$_1$ — Gleichstromwecker für die Vormerkung — B$_{II}$ — 69 — E — (—) 50 Volt. — Das Schlußrelais von A.Z.U. 5020 zieht seinen Anker an und schaltet die Batterie über Kontakt 707 an die Amtsanschlußleitung an. Es entsteht folgender

Nr. 82	Stromlauf: (+) 50 Volt — 120 und 121 — A.R. und N.L. — 122 und 124 an Tr R. — L_1 und L_2 — A.Z.U. 5020 — L_1 und L_2 — 500 und 501 — Dr_I und Dr_{II} — E. R_I und $_{II}$ — 502 — 503 — R.R. — 504 — 506 — 707 — Hauptverteilungsschiene H.S. — S.B. — Erde — (—) 50 Volt. Unter dem Einflusse dieses Stromkreises zieht das Rückstellrelais R. R. seinen Anker an; hieraus entstehen folgende Vorgänge:
» 83	1. Der vom Schlußrelais vorübergehend hergestellte Stromschluß bei 707 wird über 507 an R. R. dauernd gemacht. — 2. Die Fernladespannung wird über Kontakt 509 den Teilnehmern der Gruppe 5020 wieder zugeschaltet und damit die vordem vorhanden gewesene Sperrung aufgehoben. — 3. Das Abstellrelais über den Kondensator C_{III} (6 Mfd.) an die Spannung der Schaltebatterie gelegt und damit ersteres stoßweise erregt.
» 84	Stromlauf für das Abstellrelais Ab R.: Hauptverteilungsschiene H.S. — 508 — 530 — Ab R. — C_{III} (6 Mfd.) — 505 an R.R. — (—) S.B. Der Kondensator C_{III} befindet sich im Augenblick der Herstellung des Stromkreises 84 auf dem Potential »O«, da derselbe in Ruhelage von R. R. kurzgeschlossen ist. Durch die Erregung von Ab R. wird Stromlauf 71 und 72 vorübergehend bei 601 unterbrochen. Das Anrufrelais A. R_{IV} und das Trennrelais Tr R_{IV} geben ihre Anker frei, ehe das Abstellrelais durch Wiederherstellung des Kontaktes 601 in ersteren den entsprechenden magnetischen Kraftfluß aufkommen läßt; Stromlauf 71 und 72 werden deshalb nunmehr an Kontakt 604 und 616 von A. R_{IV} dauernd unterbrochen. Die Folge hiervon ist, daß das Schlußrelais und das Relais II der Rufübertragung ihre Anker frei geben.
» 85	Durch Übergang des Vormerkhebels in Durchsprechstellung ist die Kontrollspannung an die Steckerleitungen c gelegt; die Trennrelais auf der Abfrage- und Verbindungsseite ziehen ihre Anker an und schalten die Fernladespannung von den Gruppenumschaltern A.Z.U. 5020 und 8010 ab. Infolge Unterbrechung des Stromlaufes 65 an 122 und 124 von Tr R. (Abfrageseite) und des entsprechenden Stromlaufes auf der Verbindungsseite geben die Rückstellrelais der Gruppenumschalter 5020 und 8010 ihre Anker frei und bewirken hierdurch folgendes: 1. Die Fernladeschienen F.S. beider Gruppenumschalter werden spannungslos und es wird damit den Teilnehmern beider Gruppen die Zugänglichkeit zum Amte augenblicklich genommen. — 2. Die Kondensatoren C_{III} werden kurz geschlossen und so die Abstellrelais für ihre Funktion vorbereitet. — 3. Der Stromkreis zur Erregung des Einstellmagneten E. M. am Schrittrelais wird vorbereitet. Sobald demnach die Beamtin in der Handbetriebszentrale den Sprechhebel in Sprechlage drückt, den Rückruftaster in Arbeitsstellung bringt und nach Aufziehen der Wählscheibe W.S. die Taste T ziehend erstere zum Rücklauf frei gibt, wird durch die hieraus erfolgende Entsendung von
» 86	Stromstößen eine schrittweise Bewegung der Federn f_1 und f_2 erzielt. Stromlauf: Amt: (+) W.B. — 801 an T — W. R_I — W. R_{II} — (—) W.B. Die Wählrelais W. R_I und $_{II}$ ziehen ihre Anker an und vertauschen die Wechselspannung mit der intermittierenden Gleichspannung der Wählscheibe.
» 87	Amt: (+) W.B. — W.S. — Kontakt I — Dr II — 930 — 932 — 14 an S.H. — b an A.St. — L_2 — A.Z.U. 5020 — 501 — Dr II — E.R. II und I — Dr I — 500 — L_1 — Amt: a an A.St. — 11 an S.H. — 933 an R.T. — 931 an W.R. II — 804 — Dr I — 803 — (—) W.B.
» 88	A.Z.U. 5020: (+) S.B. — 508 — 521 an R.R. — 522 an S.R. — 840 an E.R. — E.M. — (—) S.B. Das Schrittrelais bewegt die Federn f_1 und f_2 schrittweise über die Kontakte 1, 2, 3 usw. Nachdem vom Amt aus vier Stromstöße in die Leitung 5020 erfolgen, stellt sich das Schrittrelais auf Kontakt 4 ein; die Folge davon ist, daß das Trennrelais Tr R_{IV} seinen Anker anzieht.

Stromläufe.

Nr. 89	A.Z.U. 5020: Hauptverteilungsschiene H.S. — 600 — 601 — 602 — 603 — T.R.IV — 615 — Kontakt 4 am Schrittrelais — Feder f_2 — (—) S.B. In ähnlicher Weise erfolgt die Einstellung der Stelle II von A.Z.U. 8010, wenn die Beamtin den Sprechhebel in Ruflage drückend die aufgezogene Wählscheibe von Nr. II durch Ziehen des Hebels T ablaufen läßt.
» 90	Amt: (+) W.B. — W.S. — Kontakt I — Dr II — 806 — 52 an S.H. — 38 an V.H. — b an V.St. — L_2 — A.Z.U. 8010 — 501 — Dr II — E.R. II + I — Dr. I — 500 — L_1 — Amt: a an V.St. — 39 an V.H. — 62 an S.H. — 805 an $W.R_I$ — 804 — Dr I — 803 — (—) W.B. Nachdem von Amt in Richtung gegen A.Z.U. 8010 zwei Stromstöße entsendet werden, stellt sich das Schrittrelais von A.Z.U. 8010 auf Kontakt 2 ein. Das Trennrelais $T.R_{II}$ von 8010 zieht seinen Anker an.
» 91	A.Z.U. 8010. + S.B. — 600 — 601 — 602 — 900 — $T.R_{II}$ — 909 — Kontakt 2 am Schrittrelais — f_2 — (—) S.B. Der Anruf der Sprechstellen schließt sich unmittelbar an die Einstellung mit der Wählscheibe an, da mit Freigabe der Taste T nach erfolgtem Ablaufen der Wählscheibe die intermittierende Gleichspannung durch die Rufwechselspannung vertauscht wird. Stromlauf 86 wird hierbei bei Kontakt 801 an T unterbrochen.
» 92	Aufleuchten der Vormerklampe: Amt: + 30 Volt — 100 — 97 an S.H. — 92 — V.R. — Erde.— (—) 30 Volt. Das Vormerkrelais zieht seinen Anker an und schließt folgende Lokalstromkreise:
» 93	(+) 14 Volt — 26 an V.R. — V.L. — (—) 14 Volt. (Die Vormerklampe leuchtet.)
» 94	(+) 30 Volt — 99 — 90 an S.R. (S.R. hat seinen Anker angezogen) — 91 an V.R. — 92 — V.R. — (—) 30 Volt. Durch Kontakt 91 wird demnach die vorübergehende Erregung des Vormerkrelais über Kontakt 97 an S.H. dauernd gemacht.
» 95	Aufleuchten der Schlußlampe. — Amt: (+) 30 Volt — 7 — 8 — 30 an V.H. — S.R. — 31 an Tr — I und II — 32 und 33 an S.H. — a und b an A.St. — L_1 und L_2 — A.Z.U. 5020. — I und II von S.R. — 630 und 631 — 632 und 633 an $T.R_{IV}$ — L_1 und L_2 — Gruppenstelle 5020_{IV}. — a und b — 16 — B_I — G.W. — B_{II} — 69 — E — (—) 30 Volt im Amt. Das Schlußrelais S.R. zieht seinen Anker an und schließt den Lampenstromkreis.
» 96	Aufleuchten der Überwachungslampe: Amt: (+) 30 Volt — 30 — U.R. — 34 an S.H. — 35 an Tr — III und IV — 36 und 37 an S.H. — 38 und 39 an V.H. — a und b an V.St. — L_1 und L_2 — A.Z.U. 8010 — I und II von S.R. — 910 und 911 — 902 und 903 an $T.R_{II}$ — L_1 und L_2 — Gruppenstelle 8010_{II}. — a und b — 16 — B_I — G.W. — B_{II} — 69 — E — (—) 30 Volt. Das Überwachungsrelais U.R. schließt seinen Lampenstromkreis.
» 97	Stromlauf 95 und 96 werden am Hakenumschalter der Gruppenstellen unterbrochen.
» 98	Erlöschen der Vormerklampe: Durch Abfallen des Schlußrelaisankers wird Kontakt 90 an S.R. unterbrochen und damit Stromkreis 94 geöffnet.
» 99	Gruppenstelle 5020_{IV}. Primärstromkreis: (+) Mz — 1? — U_2 — M — 4 — (—) Mz. Sekundärstromkreis: U_1 — 2 — a — L_1 — A.Z.U. 5020. — 632 an $T.R_{IV}$ — 630 — C_I (4 Mfd.) — L_1 — Amt: — a an A.St. — 33 an S.H. — I und II an Tr. — 32 an S.H. — b an A.St. — L_2 — A.Z.U. 5020 — L_2 — U_1. — b — 60 — 12 — 13 — T — T — 67 — U_1. — C_{II} (4 Mfd.) — 631 — 633 an $T.R_{IV}$ — L_2 — Gruppenstelle 5020_{IV}.

Stromläufe.

Nr.	
Nr. 100	Gruppenstelle 8010$_{II}$. Primärstromkreis: (+) Mz — 16 — U$_2$ — M — 4 — (—) Mz. Sekundärstromkreis: U$_1$ — 2 — a — L$_1$ — A.Z.U. 8010 — 903 an T. R$_{II}$ — 911 — C$_I$ — (4 Mfd.) — L$_1$ — Amt: a an V.St. — 39 an V.H. — 37 an S.H. — III und IV an Tr. — 36 an S.H. — III und IV an V.H. — b an V.St. — L$_2$ — A.Z.U. 8010 — L$_2$ — C$_{II}$ (4 Mfd.) — 910 — 902 an T.R$_{II}$ — L$_2$ — Gruppenstelle 8010$_{II}$ — b — 60 — 12 — 13 — T — T — 67 — U$_I$.
» 101	Stromlauf 95 und 96 werden an a und b des Abfrage- und Verbindungssteckers unterbrochen.
» 102	Die Rückstellung von A.Z.U. 5020 und 8010 erfolgt mit dem Ziehen der Stecker im Amt durch Anschaltung der Fernladespannung an die Amts- anschlußleitungen. Das Schlußrelais S.R. zieht gemäß Stromlauf 81 seinen Anker an und schaltet wieder die Batterie S.B. an die Amtsanschluß- leitung an. Es entsteht wieder Stromlauf 82. R.R. zieht seinen Anker an. Die hieraus entstehenden Vorgänge siehe aus Nr. 83 und 84 der Stromläufe.
» 103	Weiterhin entsteht noch folgender Stromkreis: (+) S.B. — 508 — 509 an R.R. — Rückstellmagnet R.M. am Schrittrelais — Schleifring r — Feder f$_1$ (das Schritt- relais hält die Kontakte 2 bzw. 4 geschlossen, weshalb f$_1$ auf dem Schleifring aufliegt) — (—) S.B. Das Schrittrelais kehrt in die Ruhelage zurück.
» 104	Analog Stromlauf 88. (Auswählen der Stelle II in A.Z.U. 5020.)
» 105	Ertönen des Weckers von 5020$_{II}$: Wechselspannung. — 8000 — 937 — 934 und 935 an W.R.II — 932 und 933 an R.T. — 11 und 14 an S.H. — a und b an A.St. — L$_1$ und L$_2$ — A.Z.U. 5020 — C$_I$ und C$_{II}$ — 910 und 911 — 902 und 903 — L$_1$ und L$_2$ — Gruppenstelle 5020$_{II}$ — a und b — 16 — B$_I$ — G.W. — B$_{II}$ — 69 — E — Wechselspannung im Amt.
» 106	Gruppenstelle 5020$_{IV}$: Primärstromkreis: (+) Mz — 16 — U$_2$ — M — 4 — (—) Mz. Sekundärstromkreis: U$_1$ — 2 — a — L$_1$ — A.Z.U. 5020 — 632 an T. R$_{IV}$ — 630 — 911 — 903 an T.R$_{II}$ — L$_1$ — Gruppenstelle 5020$_{II}$ — a — 2 — U$_1$ — 67 — T — T — 13 — 12 — 60 — b — L$_2$ — A.Z.U. 5020 — 902 an T. R$_{II}$ — 910 — 631 — 633 an T. R$_{IV}$ — L$_2$ — Gruppenstelle 5020$_{IV}$ — b — 60 — 12 — 13 — T — T — 67 — U$_I$. — [1]
» 107	Amt: (+) 14 Volt — 900 — A.R. — 901 an T.R. — L$_1$ — Sprechstelle 800 — a — 2 an H.U. — U$_1$ — 67 — 16 — (+) Mz — (—) Mz — 3 — B$_1$ — B$_2$ — 69 — E — (—) 14 Volt im Amt.
» 108	Stromlauf 107 wird bei 3 an H.U. der Sprechstelle 800 unterbrochen. —
» 109	Amt: (+) 14 Volt — 900 — 902 — 903 — 904 — A.L. — (—) 14 Volt.
» 110	Amt: (+) 30 Volt — 905 — c an A.St. — T.R. 800 — E — (—) 30 Volt.
» 111	Stromlauf 109 wird bei 904 an T.R. unterbrochen. — Die Anruflampe erlischt.
» 112	Amt: Primärstromkreis: (+) 14 Volt — J$_I$ — M — (—) 14 Volt. Sekundärstromkreis: J$_{II}$ — 906 an S.H. — a an A.St. — L$_1$ — Sprechstelle 800 — a — 2 — U$_1$ — 67 — T — T — 13 — 12 — 60 — b — L$_2$ — Amt: b von A.St. — 907 an S.H. — J$_{II}$. Primärstromkreis an Sprechstelle 800: (+) Mz — 16 — 67 — — U$_2$ — M — 4 — (—) Mz. —
» 113	Siehe Stromlauf 112.

[1] Siehe Nachtrag S. 33 ff.

Stromläufe.

Nr.	
Nr. 114	Besetztkontrolle: (Amt:) $+$ 30 Volt (herrührend von der Kontrollspannung der bestehenden Verbindung) — a an V.St. — 908 an S.H. — I an Tr — 909 — 910 — 911 — 912 — 913 an S.H. — Ballastwiderstand: B.W$_{II}$ — E — (—) 30 Volt. Der in Wickelung III und IV von Tr induzierte Strom nimmt folgenden Verlauf: III und IV von Tr — 906 an S.H. — J$_{II}$T — 907 — III und IV von Tr. — Wenn demnach die gewünschte Verbindung belegt ist, wird beim Prüfen im Kopfhörer T ein knackendes Geräusch vernommen.
» 115	Das Trennrelais auf der Verbindungsseite zieht seinen Anker an: Stromlauf: (+) 30 Volt — 905 — c an V.St. — T.R. 6000 (selbstkassierende Sprechstelle) — E — (—) 30 Volt.
» 116	Amt: Wechselspannung — 920 — 921 an S.H. — a an V.St. — L$_1$ — Selbstkassierende Sprechstelle 6000 — Klemme L$_1$ am Zusatzapparat — Kondensator: 2 Mfd. — a am Telephonapparat — 2 an H.U. — U$_1$ — 67 — T — T — 13 — 60 — b — Zusatzapparat: — Klemme L$_2$ — Leitung L$_2$ — Amt: b an V.St. — 922 an S.H. — 923 — Wechselspannung. (Der Wechselstromwecker der selbstkassierenden Fernsprechstelle ertönt.) Gleichzeitig mit dem Anruf der Stelle 6000 wird folgender Lokalstromkreis im Amte geschlossen:
» 117	Amt: (+) 14 Volt — 924 — 925 — B.R. — 926 — E — (—) 14 Volt. Das Blockrelais B.R. zieht seinen Anker an und gibt das Überwachungsrelais Ü.R. für den Stromdurchgang frei. Dieses zieht nun seinen Anker an auf Grund folgenden Stromlaufes:
» 118	(+) 30 Volt — 930 — Ballastwiderstand B.W$_I$ — 931 — U.R. — 909 an Tr — II an S.H. — b an V.St. — L$_2$ — Selbstkassierende Fernsprechstelle — Klemme L$_2$ am Zusatzapparat — b am Telephonapparat — 60 — 61 an H.U. — 16 — (+) Mz — (—) Mz — 3 an H.U. — B$_I$ — B$_{II}$ — 69 — Erde — (—) 30 Volt im Amt.
» 119	Die Überwachungslampe leuchtet: Stromlauf: (+) 14 Volt — 940 — 941 an U.R. — U.L. — E — (—) 14 Volt.
» 120	Das Blockrelais B.R. wird durch das Überwachungsrelais in Arbeitszustand gehalten: Stromlauf: (+) 14 Volt 940 — 941 an U.R. — 942 — B.R. — 926 — Erde — (—) 14 Volt.
» 121	Das Blockrelais hält in Arbeitsstellung die Wickelung II des Schlußrelais S.R. an den Mittelpunkt der Translatorwickelung III + IV angeschaltet.
» 122	Stromlauf 118 wird bei 3 an H.U. der selbstkassierenden Sprechstelle unterbrochen.
» 123	Stromlauf 119 wird bei 941 an Ü.R. unterbrochen.
» 124	Sprechstelle 800: Primärstromkreis: (+) Mz — 16 U$_2$ — M — 4 — (—) Mz. Sekundärstromkreis: U$_1$ — 2 — a — L$_1$ — Amt: a an A.St. — IV + III an Tr — b an A.St. — L$_2$ — Sprechstelle 800: b — 60 — 12 — 13 — T — 67 — U$_1$.
» 125	Selbstkassierende Sprechstelle 6000: Primärstromkreis: (+) Mz — 16 — U$_2$ — M — 4 — (—) Mz. Sekundärstromkreis: U$_1$ — 2 — a — Kondensator (2 Mfd) — Klemme L$_1$ — Leitung L$_1$ — Amt: a von V.St. — 908 an S.H. — I + II an Tr — 923 an S.H. — b an V.St. — L$_2$ — Selbstkassierende Sprechstelle: Klemme L$_2$ — b — 60 — 12 — 13 — T — 67 — U$_1$.

Stromläufe.

Nr. 126	Amt: (+) 30 Volt — 950 — 951 an S.R. — 952 an B.R. (Das Blockrelais wurde, nachdem der Teilnehmer an der selbstkassierenden Sprechstelle seinen Hörer vor Beginn des Gesprächs vom Haken genommen hat, zur Rückstellung von U.R. freigegeben und hat die Ruhelage nach etwa 7 Sekunden vom Zeitpunkt der Freigabe an gerechnet, vollendet.) — 953 an Tr — III und IV an Tr — a und b an A.St. — I und II an Zählrelais Z.R. — L_1 und L_2 — Sprechstelle 800 — a und b — 16 — (+) Mz — (—) Mz — 3 — B_1 — B_2 — 69 — E — (—) 30 Volt. Nachdem in den Stromkreis die niederohmige Wickelung II (300 Ω) des Schlußrelais eingeschaltet ist und außerdem der Ballastwiderstand zwischen den Klemmen B_I — B_{II} der Sprechstelle nur 500 Ω beträgt, so ergibt sich beim Einhängen des Hörers ein Schlußzeichenstrom von etwa 30 Milliampere. Das Zählrelais zieht seinen Anker an und veranlaßt folgenden Lokalstromkreis:
» 127	Amt: + 30 Volt — 960 an Z.R. — Zähler — 961 an T.R. — Anruflampe A.L. — Erde — (—) 30 Volt. Die Anruflampe leuchtet, der Zähler zählt und schließt Kontakt 962, die Arbeitslage vom Kontakt 960 unabhängig machend. Hierdurch wird erreicht, daß die Zählung des abgewickelten Gesprächs nur einmal erfolgt, gleichgültig, ob der Teilnehmer nach Beendigung des Gesprächs seinen Hörer ruhig einhängt, oder zur Alarmierung der Beamtin Flackersignale gibt. — Gleichzeitig mit der Zählung erfolgt die Schlußzeichenabgabe durch Aufleuchten der Schlußlampe. Stromlauf: + 14 Volt — 965 — 966 an S.R. — S.L. — Erde — (—) 14 Volt. Die Überwachungslampe kommt dagegen nicht zum Aufleuchten, da das Blockrelais B.R. über Kontakt 911 das Überwachungsrelais kurzschließt und so den Stromlauf Nr. 118 unwirksam macht.
» 128	Stromkreis 126 und 118 werden am Abfrage- bzw. Verbindungsstecker unterbrochen.
» 129	Stromkreis 127 wird bei 961 an T.R. unterbrochen, da dieses wegen Öffnung des Stromkreises Nr. 110 bei c an A.St. seinen Anker frei gibt.
» 130	Das Blockrelais bedarf vom Augenblick der Freigabe des Ankers zum Rückgang — dieses erfolgt, sobald der gerufene Teilnehmer den Hörer vom Haken nimmt — etwa 7 Sekunden bis es das Überwachungsrelais blockiert; nachdem der rufende Teilnehmer 800 nach Erkenntnis, daß er falsch verbunden ist, seinen Hörer innerhalb der Rückgangsperiode an den Haken hängt, bringt er das Blockrelais neuerdings, und zwar bis zur Aufhebung der Verbindung seitens der Beamtin in Arbeitslage und verhindert damit die Entstehung des Zählstromes: Stromläufe: Der Teilnehmer 800 hängt den Hörer ein:
» 131	(+) 30 Volt — 950 — Wickelung I von S.R. — 970 an B.R. — 953 an Tr — III und IV — a und b an A.St. — I und II an Zählrelais Z.R. — L_1 und L_2 — Sprechstelle 800 — a und b — 16 — (+) Mz — (—) Mz — 3 an H.U. — B_I — B_{II} — 69 — E — (—) 30 Volt. Das Zählrelais zieht seinen Anker nicht an, da nunmehr die hochohmige Wickelung I des Schlußzeichenrelais (3000 Ω) nur einen Strom von ca. 8 Milliampere aufkommen läßt. Gleichzeitig mit dem Schlußrelais, welches auf Grund des Stromlaufes 131 seinen Anker anzieht, wird Kontakt 980 an S.R. geschlossen und damit folgender Lokalstromkreis geschlossen:

Stromläufe.

Nr. 132	Amt: + 30 Volt — 930 — B.W$_I$ — 931 an S.H. — U.R. — 980 an S.R. — B.W$_{III}$ — E — (—) 30 Volt. Das Überwachungsrelais zieht seinen Anker an und schließt seinerseits folgenden Stromkreis: (+) 14 Volt — 940 — 941 an U.R. — U.L. — (—) 14 Volt; desgleichen den Stromkreis: (+) 14 Volt — 940 — 941 — 942 — B.R. — 926 — Erde — (—) 14 Volt. Die Überwachungslampe leuchtet und das Blockrelais geht dauernd in Arbeitslage über. — Die Entscheidung darüber, ob die Verbindung gezählt wird oder nicht, hängt demnach, sofern das Gespräch nicht zustande kommt, allein vom rufenden Teilnehmer ab, der ein Interesse an der richtigen Registrierung des Gespräches hat.
» 133	Amt: (Tafel III D) (+) 14 Volt — 2000 — Ballastlampe B.L. — 2001 an T.R. — b — L$_2$ — Selbstkassierende Sprechstelle: — Klemme L$_2$ — b — 60 — W — W — 13 — 61 — 16 — (+) Mz — (—) Mz — 3 — B$_I$ — B$_{II}$ — 69 — E.
» 134	Stromlauf nach Einwurf der Münze: Amt: (+) 14 Volt — 2000 — A.R. — 2004 an T.R. — a — L$_1$ — Selbstkassierende Sprechstelle: — Klemme L$_1$ — 5005 — E — (—) 30 Volt im Amt. Das Anrufrelais zieht seinen Anker an und schließt folgenden Lokalstrom:
» 135	Amt: (+) 14 Volt — 2000 — A.L. — 2006 — 2008 an T.R. — E — (—) 14 Volt.
» 136	Parallel zu der Anruflampe, welche aufleuchtet, liegt die Wickelung des Anrufrelais und nimmt Haltestrom auf: (+) 14 Volt — 2000 — A.R. — 2007 — 2008 — E — (—) 14 Volt.
» 137	Analog Stromlauf Nr. 110, 111, 112 und 113.
» 138	Analog Stromlauf Nr. 115 bis inkl. 120.
» 139	Analog Stromlauf Nr. 122.
» 140	Amt: (+) 30 Volt — 930 — S.R. — 953 an Tr — IV — 2060 an RzT. — b an A.St. — L$_2$ — Selbstkassierende Sprechstelle: — Klemme L$_2$ — b — 60 — W — W — 13 — 61 — 16 — (+) Mz — (—) Mz — 3 — B$_I$ — Rückzahlmagnet R.M. — B$_{II}$ — 69 — E — (—) 30 Volt. Die Schlußlampe leuchtet.
» 141	Amt: (+) 30 Volt — 930 — B.W$_I$ — 931 an S.H. — 912 — 911 — 910 — 909 an Tr — I und II — 908 und 923 an S.H. — a und b an V.St. — L$_1$ und L$_2$ — Sprechstelle 800 — a und b — 16 — (+) Mz — (—) Mz — 3 an H.U. — B$_I$ — B$_{II}$ — 69 — Erde — (—) 30 Volt. Die Überwachungslampe leuchtet nicht, da das Überwachungsrelais von B.R. blockiert ist.
» 142	Stromläufe analog den Stromläufen Nr. 130, 131 und 132, jedoch mit der Modifikation, daß diesmal nicht durch die Ankerlage des Blockrelais auch schon die Registrierung des Gespräches vorgenommen wird, sondern vielmehr hierdurch nur ein Signalstromkreis, aus welchem die Beamtin die Aufforderung, die Rückerstattungstaste RzT. zur Herausgabe der Münze zu drücken entnimmt, veranlaßt bzw. unterdrückt wird. — Nachdem Überwachungs- und Schlußrelais die Anker nach Einhängen des Hörers seitens des Teilnehmers an der selbstkassierenden Sprechstelle angezogen haben, erscheinen an der Rückzahllampe RzL. Flackersignale, wie aus folgendem Stromlauf hervorgeht:
» 143	Amt: (+) Flackerspannung — 2080 — RzL. — 2081 an S.R. — 2082 an U.R. — E — (—) Flackerspannung.

Stromläufe.

Nr. 144	(+) 110 Volt — B.W$_V$ — 2091 an RzT. — b an A.St. — L$_2$ — Selbstkassierende Sprechstelle — Klemme L$_2$ — b — 60 — W.W. — 13 — 12 — 61 — 16 — (+) Mz — (—) Mz — 3 — Rückerstattungsmagnet des Zusatzapparates R.M. — 69 — Erde — (—) 110 Volt. Die Münze wird dem Teilnehmer elektrisch rückerstattet.
» 145	A.Z.U. 5020 — Speisepunkt 511 an der Fernladeverteilungsschiene F.S. — 512 — Ladewiderstand L.W. und Linienwickelung I von A.R$_{IV}$ — 513 und 514 an T.R$_{IV}$ — L$_1$ und L$_2$ — Selbstanschlußgruppenstelle mit Tarifzonenkontrollapparat und automatischer Sperrung — a — 2 an H.U. (H.U. ist b — W — W — T — T — in Ruhelage, der Hörer eingehängt.) — Windung S an W.W. — 20 — 21 — Klemme I Zelle I und II — Klemme III — Klemme III — 3 an H.U. — B$_I$ — Gleich-Klemme I stromwecker G.W. — B$_{II}$ — E — (—) S.B. bei A.Z.U. 5020. Der Ladestrom gelangt von A.Z.U. 5020 über die beiden in Serie geschalteten Pufferzellen I und II und den Vormerkwecker G.W. zur Erde. Die Pufferzellen selbst unterhalten folgenden Lokalladestromkreis dauernd:
» 146	(+) Zelle I — W$_t$ — (+) Zelle III — (—) Zelle II. Die Zelle III (Meßzelle) nimmt entsprechend der Wahl des Widerstandes W$_t$, welcher der jeweiligen Tarifzone angepaßt wird, dauernd Energie auf. — Es ist daher gleichgültig, ob die Pufferzellen gleichzeitig vom A.Z.U. her gespeist werden oder nicht, da diese bei der geringen Ladestromdichte ihre Spannung im Ladezustand kaum verändern.
» 147	Durch Aushängen des Hörers entstehen folgende Lokalstromkreise: 1. (+) Zelle I: Klemme I — I an Apparat — 21 — 20 an W.W. — Wickelung P — Mikrophon M — Kontakt 8 — an H.U. — II — Klemme II — III — Klemme III — (—) Zelle II. Zelle I liefert den Mikrophonstrom. 2. (+) Zelle II: Klemme II — Relais R$_I$ — Kontakt 4 an H.U. — III — Klemme III — (—) Zelle II. Die Zelle II erregt das Relais R$_I$.
» 148	3. (+) Zelle III: Klemme III — Kontakt 4 an H.U. — Abzweigpunkt 29 an R$_I$ — Kontakt 30 — R$_{II}$ — IV — Klemme IV — (—) Zelle III. Die Zelle III (Meßzelle) erregt Relais II und dieses unterbricht den Lampenkontakt 31.
» 149	Sobald Zelle III die Erregung von R$_{II}$ nicht mehr aufrecht zu erhalten vermag, was der Fall ist, wenn durch Überlastung der Sprechstelle ständig mehr Energie aus der Zelle entnommen als nach Maßgabe der Miete zugeführt wird, leuchtet die Warnlampe W.L. auf.
» 150	(+) Zelle I: Klemme I — I — 21 — Kontakt 31 — W.L. — 4 an H.U. — III — Klemme III — (—) Zelle II. Die Pufferzellen werden vom Augenblick des Aufleuchtens der Warnlampe zu gesteigerter Energielieferung herangezogen, welche sie auf den Zeitraum von etwa 100 Gesprächen übernehmen können. Der Teilnehmer hat also ausreichend Zeit, die Einreihung seiner Sprechstelle in eine höhere Tarifklasse zu beantragen. — Unterläßt er die Antragstellung, so wird die Sprechstelle automatisch gesperrt, indem das Relais R$_I$ über Kontakt 32 den Hörer kurzschließt.
» 151	Kontakt 32: — 33 — 21 — T — T — Kontakt 32. Außerdem wird die Mikrophonzelle erschöpft, so daß auch die Übertragung von der Sprechstelle zum Amt unterbleibt.
» 152	Die Stromläufe Nr. 147 und 148 und gegebenenfalls 150 werden unterbrochen.

Stromläufe.

Nr. 153 Signalstromkreis nach Einführen des Verbindungssteckers am Vielfachschrank in die Verbindungsklinke zum Verbindungsplatz der Gruppenstellen. (+) 10 Volt der Zentralmikrophonbatterie (Kontrollspannung) — Drosselspule D — b an V.St. — 1 an Vb K. — L_1 — 2 — Signalrelais Sg. R. — Erde — (—) 10 Volt.

» 154 Sg. L. leuchtet: (+) 14 Volt — 3 — 4 an Sg. R. — 6 an Steckerumschalter St. U. — Sg. L. — E — (—) 14 Volt.

» 155 Die Beamtin nimmt den Wunsch des Teilnehmers entgegen: Primärstromkreis: Amt: + 14 Volt — J_I — Mikrophon M — J_{II} — (—) 14 Volt. Sekundärstromkreis: J_{III} — 7 an S.H. — 8 an V.H. — 9 — 10 an S.H. — I + II an Tr — 11 an S.H. — 12 — 13 an V.H. — 14 — J_{IV}. Der in Tr III + IV induzierte Strom gelangt gemäß den für das Z.M.B.S. geltenden Stromläufen zum Teilnehmer 450.

» 156 Sg. L. erlischt nach Abheben von V.St. aus dem Steckerlager: Stromlauf 154 wird bei b an St. U. unterbrochen.

» 157 Besetztkontrolle: + 30 Volt: (Kontrollspannung an der belegten Vielfachklinke 5020) — a an V.St. — 15 an S.H. — 16 an S.H. — Prüfwickelung J_v — P. Dr — 17 an E — (—) 30 Volt.

» 158 Die Vormerklampe leuchtet: (+) 30 Volt (Kontrollspannung an der belegten Vielfachklinke 5020) — c an V.St. — 18 an V.H. — 19 — V.R. — 20 an E — (—) 30 Volt: V.R. zieht seinen Anker an: (+) 14 Volt — 21 — 22 an V.R. — V.L. — E — (—) 14 Volt.

» 159 Stromlauf 158 wird durch Steckerziehen an der belegten Vielfachklinke 5020 unterbrochen.

» 160 Durch die Überführung des Vormerkhebels in Durchsprechstellung wird die Leitung 5020 für den Verkehr der übrigen Arbeitsplätze gesperrt, da die Prüfringe der Vielfachklinken Kontrollspannung über Kontakt 23 an V.H. erhalten.

» 161 Amt: + W.B. — 24 — 25 an W.S. — Dr II — 26 an W.R. — 27 an S.H. — 28 an S.H. — 12 — 13 an V.H. — 29 an S.H. — b an V.St. — L_2 — Gruppenumschalter — L_1 — a an V.St. — 30 an S.H. — 8 an V.H. — 9 — 31 an S.H. — 32 — 33 an W.R. — Dr I — W.B. — Das Wählrelais hat seinen Anker auf Grund folgenden Stromlaufs angezogen: + W.B. — 24 — 34 — 35 an W.T. — W.R. — (—) W.B.

» 162 Rufwechselstrom: Wechselspannung — 36 an W.R. — 27 — 37 an V.H. — 12 — Richtung gegen 11 und 13 — Tr II + I und Gruppenstelle 5020$_{IV}$ über b von V.St. — Richtung gegen 9 von 10 und 8 her — 38 an V.H. — 32 — 39 an W.R. — Wechselspannung.

» 163 Amt: Aufleuchten der Vormerklampe: (+) 30 Volt — 40 — 41 an V.H. — 42 — 19 — V.R. — 20 — E — (—) 30 Volt. Die vorübergehende Erregung von V.R. wird durch folgenden Stromlauf fixiert: (+) 30 Volt — 43 — 44 an Ü.R. — 45 an V.R. — 42 — 19 — V.R. — 20 — E — (—) 30 Volt. — Lampenstromkreis: (+) 14 Volt — 21 — 22 — V.L. — E — (—) 14 Volt.

» 164 Die Schlußlampe am Vielfachschrank der bestehenden Anlage erlischt; die Überwachungslampe hat indessen während der Zeit vom Anruf nach Freiwerden der vorgemerkten Verbindung bis zum Erscheinen der Teilnehmer am Apparat nicht geleuchtet, da das Signal vom Vormerkkreis V.R. am Verbindungsplatz unterdrückt wurde und werden mußte, damit die Beamtin am Vielfachumschalter der bestehenden Anlage die Verbindung nicht aufhebt, vor der die Teilnehmer miteinander in die vorgemerkte Gesprächsverbindung eintreten. — Stromlauf: Kontakt 50 an V.R. ersetzt den Kontakt 52 an U.R. und hält den über das Überwachungsrelais am Vielfachumschalter zirkulierenden Strom geschlossen, den Lampenstromkreis daher offen.

Stromläufe.

Nr. 165	Gruppenstelle 5020$_{IV}$. Primärstromkreis: (+) Mz — 16 — U$_2$ — M — 4 an H.U. — (—) Mz. — Sekundärstromkreis: U$_1$ — 2 — a — L$_1$ — A.Z.U. 5020 — 632 an T.R$_{IV}$ — 630 — C$_I$ (4 Mfd.) — L$_1$ — Amt — a an V.St. des Verbindungsplatzes für Gruppenstellen — 30 an S.H. — 8 an V.H. — 9 — 10 an S.H. — I + II an Tr — 11 an S.H. — 12 — 13 an V.H. — 29 an S.H. — b an V.St. — L$_2$ — A.Z.U. 5020 — L$_2$ — C$_{II}$ (4 Mfd.) — 631 — 633 an T.R$_{IV}$ — L$_2$ — Gruppenstelle 5020$_{IV}$ — b — 60 — 12 — 13 — T — T — 67 — U$_1$.
» 166	Der in den Windungen III und IV des Translators Tr induzierte Sprechstrom gelangt über die Verbindungsleitung zum Vielfachschrank der Zentralmikrophonbatterieeinrichtung und von da in bekannter Weise zum Teilnehmer 450.
» 167	Aufleuchten der Signallampe am Verbindungsplatz: Durch Ziehen der Stecker am Vielfachschrank wird die Steckerhülse der Verbindungsklinke spannungslos, das Signalrelais am Verbindungsplatz also stromlos. — Stromlauf: + 14 Volt — 3 — Signalrelais: Sg.R. — 5 an Sg.R. — 60 an St.U. — Signallampe Sg.L. — 61 — Erde — (—) 14 Volt.
» 168	Signalstromlauf 167 wird bei 60 an St.U. unterbrochen. Sg L. erlischt.
» 169	Einleitung der Verbindung analog Stromlauf 65, 66, 67, 68 bis 75 inkl.
» 170	Die Beamtin nimmt den Wunsch des Teilnehmers 5020 Stelle IV entgegen: Primärstromkreis: + 14 Volt (Tafel II) — J$_{II}$ — Mikrophon — J$_I$ — (—) 14 Volt. Sekundärstromkreis: J$_{III}$ — 15 an R.T. (Tafel XI) — 1 an S.H. — a von A.St. — A.K. 5020 — L$_1$ — A.Z.U. 5020 — Gruppenstelle IV — A.Z.U. 5020 — L$_2$ — Amt (Tafel XI) — b an A.St. — 2 an S.H. — Tafel II. — 10 an T.T. — J$_{IV}$.T. — J$_{III}$. —
» 171	Besetztkontrolle: (+) 10 Volt (Kontrollspannung der besetzten Vielfachklinke am Zentralmikrophonbatterievielfachschrank) — a an V.St. — 3 an V.H. — 4 — 5 an S.H. — Prüfwickelung am Kopfhörer K — Prüfdrosselspule P.D. — Erde — (—) 10 Volt.
» 172	Aufleuchten der Vormerklampe V.L.: (Kontrollspannung + 10 Volt an der besetzten Vielfachklinke) — b an V.St. (V.St. befindet sich in der entsprechenden Vielfachklinke am Arbeitsplatz für den Anschluß automatischer Gruppenstellen) — 6 an V.H. — V.R. — E — (—) 10 Volt.
» 173	+ 14 Volt — 7 — Drehpunkt an V.R. — 8 — V.L. — E — (—) 14 Volt.
» 174	(+) 30 Volt — 9 — Schlußrelais S.R. — 10 an Tr — I und II an Tr — 11 und 12 an S.H. — a und b an A.St. — L$_1$ und L$_2$ — A.Z.U. 5020. — Gruppenstelle IV — Erde — (—) 30 Volt. S.R. zieht seinen Anker an.
» 175	(+) 14 Volt — 13 — 14 an S.R. — 15 — E — (—) 14 Volt. — S.L. leuchtet.
» 176	(+) 14 Volt — 16 an St.U. — 17 an U.R. — U.L. — E — (—) 14 Volt.
» 177	Die Vormerklampe erlischt, da Stromlauf Nr. 172 durch Aufheben der Verbindung am Vielfachschrank unterbrochen wurde und daher V.R. den Anker freigegeben hat.
» 178	Amt: Wechselspannung: — 20 an V.H. — 21 — 22 an V.H. — b an V.St. — L$_2$ — Teilnehmer 450 — L$_1$ — a an V.St. — 3 an V.H. — 4 — 23 an S.H. — 24 — 25 an V.H. — Rufwechselspannung.
» 179	Amt: Rufwechselspannung — 20 an V.H. — 21 — 26 an S.H. — III + C + IV an Tr — 27 — 24 — 25 — Rufwechselspannung.

Stromläufe.

Nr. 180	I + II an Tr — 11 an S.H. — a an A.St. — L₁ — A.Z.U. 5020 — Gruppenstelle IV — L₂ — A.Z.U. — L₂ — Amt — b an A.St. — 12 an S.H. — I + II an Tr. — (Die Wecker der Teilnehmer 450 und 5020_IV ertönen.)
» 181	(+) 10 Volt (Z.M.B.S.) — 29 an V.H. — 30 — 33 an V.H. — V.R. — E — (—) 10 Volt.
» 182	(+) 10 Volt (Z.M.B.S.) — 34 an S.R. (S.R. hat seinen Anker auf Grund des Stromlaufes Nr. 174 angezogen) — 32 an V.R. — 31 an V.H. — 30 — 33 an V.H. — V.R. — E. (Die Arbeitsstellung von V.R. bleibt erhalten, bis die Teilnehmer den Hörer aushängen.)
» 183	(+) 24 Volt der Z.M.B. — U.R. — 35 — 27 an S.H. — 24 — 23 an S.H. — 4 — 3 — a an V.St. — L₁ — Teilnehmer 450 — L₂ — b an V.St. — 22 an V.H. — 21 — 26 an S.H. — 36 — Speisedrosselspule Dr (75 Ω) — (+) 10 Volt (Z.M.B.) — Erde — (—) 24 Volt.
» 184	Gruppenstelle 5020_IV. Primärstromkreis: (+) Mz — 16 — U₂ — M — 4 an H.U. — (—) Mz. — Sekundärstromkreis: U₁ — 2 — a — L₁ — A.Z.U. 5020 — 632 an T. R_IV — 630 — C₁ — L₁ — Amt: a an A.St. (Tafel XI) — 11 an S.H. — I + II an Tr — 12 an S.H. — b an A.St. — L₂ — A.Z.U. 5020_IV — L₂ — C_II (4 Mfd.) — 631 — 633 an T. R_IV — L₂ — Gruppenstelle 5020_IV — b — 60 — 12 — 13 — T — 67 — U₁.
» 185	Stromkreis Nr. 175 und 176 werden an Kontakt 14 bzw. 17 unterbrochen, da S.R. stromlos wird und U.R. Strom bekommt.
» 186	Stromlauf 183 wird an der Teilnehmerstelle 450 unterbrochen.
» 187	U.L. erlischt, da St.U. bei Kontakt 16 den Signallampenstrom unterbricht.
» 188	Das Überwachungsrelais spricht an, da das Übertragerrelais Ü.R. in Tafel X den Strom der Zentralmikrophonbatterie unterbricht.

Nachtrag zu Anmerkung 2 auf Seite 56 und Anmerkung 1 auf Seite 58.

Der Ladestrom gelangt von der Handbetriebszentrale nach Passieren der bekannten Relais dortselbst über beide Äste der gemeinsamen Anschlußdoppelleitung als Hinleitung zum Gruppenumschalter, durchfließt dort die Windungen des Rückstellrelais R.R. nach Abzweigung an den Punkten 500 und 501 und Vereinigung im Speisepunkte 502 am Einstellrelais E.R., überbrückt die Kontaktstelle 507, welche unter der Wirkung des magnetischen Kraftflusses von R.R. geschlossen ist und findet nach Verlauf in der Schaltebatterie S.B. über den Ausbreitungswiderstand der gegebenen Erdleitung seinen Rückweg zur geerdeten Ladestromquelle bei der Handbetriebszentrale. Vom Hauptspeisepunkt (508) des Gruppenumschalters, der durch die Schaltebatterie unter einem konstanten Potentiale von 20 Volt gehalten wird, fließt ein Teilladestrom über Punkt 509 (Kontakt an R.R.) zum Speisepunkte der Sammelschiene I (Fernladeverteilungsschiene F.S.) und gelangt von hier aus über die Ballastwiderstände B.W. und die Anrufrelaiswickelung I enthaltenen »a« Äste sowie die »b« Äste der Gruppenstellenanschlußleitungen zu den Gruppenstellen. Durch die Art der Stromverteilung in den beiden Leitungsästen der zu den einzelnen Gruppenstellen führenden Leitungsschleifen ist dafür Sorge getragen, daß die Anrufrelais unter dem Einfluß des Ladestroms nicht ansprechen, auch dann nicht, wenn durch irgendwelche Ursachen in diesen Gruppenstellenanschlußleitungen Erdschluß eintritt; denn in diesem Falle kann der Ladestrom nur auf etwa 40 Milliampere anwachsen, so

Die in Nr. 65 bis 106 der Stromlaufbeschreibungen geschilderten Vorgänge gestalten sich in einigen Punkten anders, wenn die Einrichtung des selbsttätigen Gruppenumschalters so getroffen ist, daß die Zwangläufigkeit der Bewegung des Hörerhakens an der Gruppenstelle mit den Schaltvorgängen im Gruppenumschalter aufgegeben wird und außerdem dafür Sorge getragen ist, daß beim Auftreten von Erdschlüssen in Gruppenanschlußleitungen eine Störung des Gesprächsverkehrs der übrigen störungsfreien Anschlußleitungen nicht herbeigeführt wird. Die in diesem Falle sich ergebenden Modifikationen gegenüber der in Nr. 65 bis 106 gegebenen Beschreibung der Vorgänge sind aus folgenden Bemerkungen zu ersehen. An der in Tafel V vorliegenden Schaltungsanordnung hat man sich nachstehende Vereinfachungen bzw. Änderungen vorgenommen zu denken:

1. Das Nebenschlußrelais N. R. fällt fort. Die zu den Umwindungen desselben führenden Drähte werden direkt miteinander verbunden.

2. Die in den »b« Ästen der Gruppenstellenanschlußleitungen hinter den Verzweigungspunkten 512 usw. liegenden Ladewiderstände L.W. (500 Ω) werden von dieser Stelle fortgenommen, durch eine kurze Drahtverbindung ersetzt und vor die Verzweigungspunkte 512 usw., also direkt an die Sammelschiene I (F.S.) geschaltet.

daß der auf die Umwindungen des Anrufrelais entfallende Teilstrom im ungünstigen Falle nur ca. 5 Milliampere beträgt wird, eine Intensität, die gegenüber dem Anrufstrom von ca. 10 Milliampere kaum eine merkliche Erregung hervorbringt; für das Eintreten einer solchen Stromverteilung ist durch die Wahl eines entsprechenden Größenverhältnisses zwischen dem Widerstande der Anrufrelais und demjenigen der sekundären Übertragerwickelungen beim Teilnehmer gesorgt; es können also Leitungsstörungen in den einzelnen Gruppenanschlußschleifen eine Betriebsstörung der übrigen an den Gruppenumschalter angeschlossenen Gruppenstellen nicht zur Folge haben, nachdem auch Leitungsberührungen wegen Vorhandenseins gleichnamiger Polarität in beiden Schleifenästen keine störende Wirkung auf das System auszuüben vermögen. Sobald nun ein Teilnehmer von einer Gruppenstelle aus eine Gesprächsverbindung veranlassen will und hierzu den Hörer aushängt, wird beim Übergang des Hörerhakens von Ruhelage in Sprechlage vorübergehend der »a« Ast der Gruppenstellenanschlußleitung an Erde gelegt und gleichzeitig der »b« Ast der genannten Schleife vom »a« Ast isoliert; der Ladestrom gelangt in diesem Augenblick ungeteilt über die Windungen des Anrufrelais, dessen Anker in Arbeitslage versetzend. Die Arbeitskontakte 604 und 616 werden geschlossen und damit unabhängig von den weiteren Vorgängen im Linienstromkreis der Anschluß zum Amt sowie die Übertragung des Rufsignals vollständig automatisch veranlaßt. Die Schaltebatterie bewirkt, wie bekannt, vom Augenblick des Kontaktschlusses bei 604 durch Entsendung eines Haltestroms über die Wickelung II des Anrufrelais die Fixierung dessen Arbeitslage, durch Entsendung eines Stroms über Kontakt 616 und die Wickelung des Trennrelais die Verbindung der Gruppenstellendoppelleitung mit der gemeinsamen Amtsanschlußleitung; der Haltestrom für das Anrufrelais und das Trennrelais durchfließt in Hintereinanderschaltung mit diesen nun noch eine Relaiskombination, welche die selbsttätige Rufübertragung zur Handbetriebsumschaltestelle besorgt. Wie weiter bekannt ist, ist dem Relais II dieser Rufübertragungsvorrichtung zunächst die Teilnahme am elektrischen Vorgang durch Kurzschluß seiner Windungen über die Kontakte 609 und 610 benommen; der Strom gelangt zunächst lediglich über die Windungen des Relais R.U.$_{\mathrm{I}}$; dieses erst gibt durch Unterbrechung des Kontaktes 610 das Relais R.U.$_{\mathrm{I}}$ dem Stromdurchgang frei; gleichzeitig führt dasselbe den Kurzschluß der Umwindungen des Rückstellrelais R.R. herbei, welches im Ruhezustand des Systems stromdurchflossen ist und unter der ponderomotorischen

Wirkung des Stroms demselben den Weg zur Schaltebatterie bahnt; der Kurzschluß der Umwindungen des Rückstellrelais muß also die Unterbrechung des Ladestroms infolge Öffnung des Kontakts 507 mit sich bringen und in bekannter Weise das Anrufsignal bei der Handbetriebszentrale erregen.

Die Arbeitslage des den Anruf zum Amt übertragenden Relais darf nun keine dauernde sein, weil damit naturgemäß die Möglichkeit, das Rückstellrelais R.R. wieder in Arbeitslage zu versetzen, benommen würde; die dauernde Erregung von R.U.$_{\mathrm{I}}$ wird, wie aus früherem hervorgeht, durch das Relais, welchem R.U.$_{\mathrm{I}}$ durch seine Erregung den Stromdurchgang ermöglicht hat, verhindert; für die richtige Abwickelung der Vorgänge ist nun die Zeitdauer, innerhalb welcher das Relais R.U.$_{\mathrm{I}}$ in Arbeitslage verbleibt, wesentlich; es ist erforderlich, daß die Arbeitslage jedenfalls länger erhalten bleibt, als sich der Hörerhaken bei der Gruppenstelle in Durchgangsstellung befindet, da sonst die Erregung des Schlußrelais S.R. unmittelbar nach Anschluß der Gruppenstelle an die Amtsleitung die Rückstellung der ganzen Schaltung durch Betätigung des Rückstellrelais seitens des vollen Ladestroms zur Folge hätte; bei der gewählten Dimensionierung des magnetischen Kreislaufs in Relais R.U.$_{\mathrm{I}}$. — Der Stromabfluß in demselben vollzieht sich nach Absperrung der Stromzufuhr durch R.U.$_{\mathrm{II}}$ sehr angenähert nach der

Differentialgleichung: $O = Ri + L\frac{di}{dt}$ und der entsprechenden Lösung: $i = J_o \cdot e = \frac{R}{L}t$ für konstantes R und L, — während die Arbeitsstellung des Relais R.U.$_{\mathrm{I}}$ ca. ¾ Sekunden; es ist also die Bedingung, daß der Hakenumschalter die Durchgangslage eher passiert, als bis die Vorgänge im Gruppenumschalter den Mechanismus zur Rückstellung vorbereiten praktisch erfüllt. Überschreitet indessen die Erdschlußperiode die angegebene Zeit, so erfolgt unweigerlich die Rückstellung des Schaltmechanismus in die Normallage; daraus ergibt sich auch, daß im Falle der Fremdstromerregung eines Anrufrelais durch atmosphärische Kapazitätsausgleiche die Korrektion der Schaltung automatisch sich vollziehen muß, da der Momentanerregung Dauerstrom über den Ballastwiderstand der Sprechstelle nachfolgt und die Rückstellung des Apparates in den Normalzustand veranlaßt. Die Stromläufe bei den übrigen, im Gesprächsverkehr zutage tretenden elektrischen Vorgänge sind mit den in Nr. 65 bis 106 identisch, weshalb auf dieselben hier nicht mehr weiter eingegangen zu werden braucht.

Teilnehmersprechstelle.

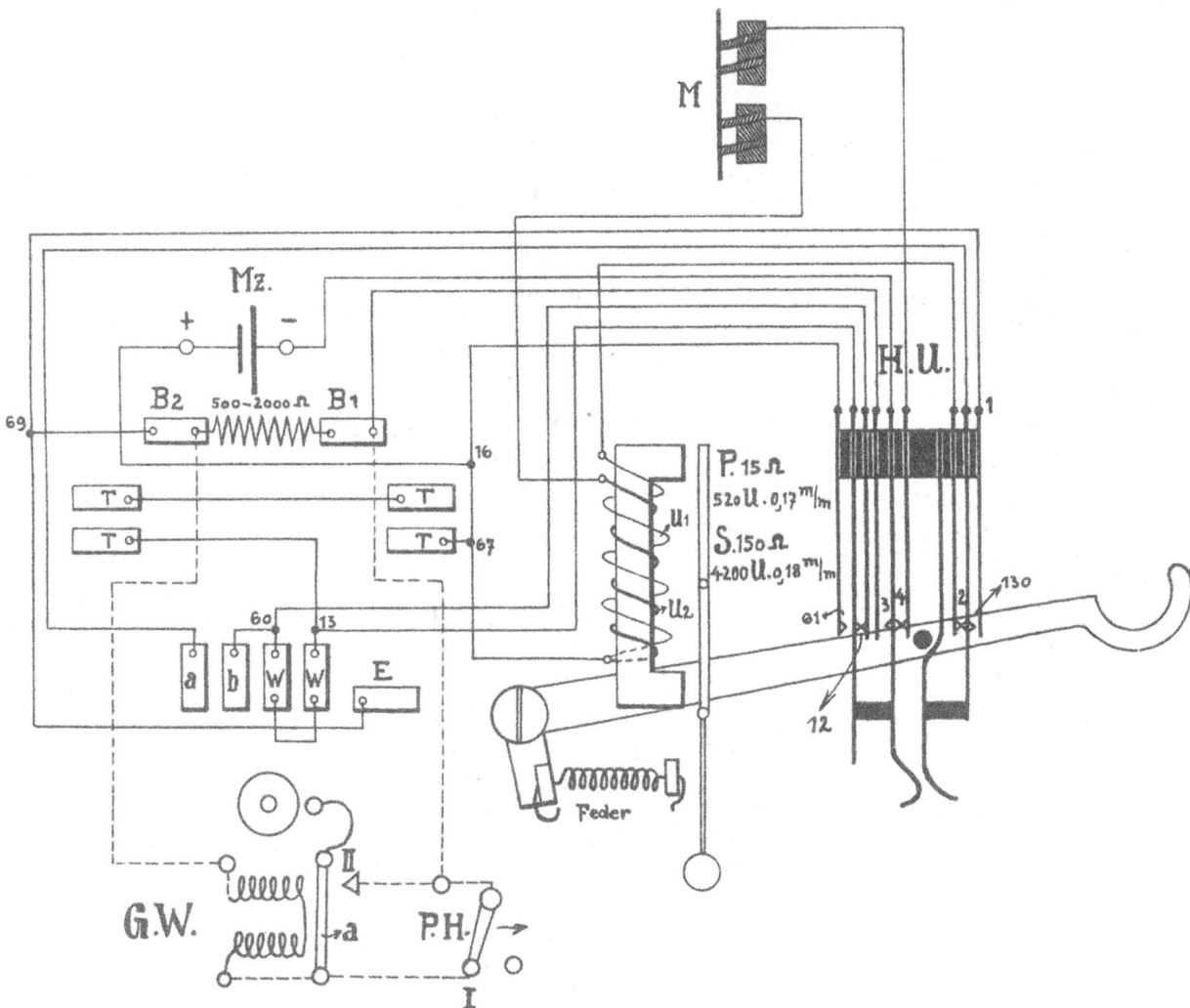

Ia. Mit Ballastwiderstand (500—2000 Ω).
Ib. Mit Gleichstromwecker (1000 Ω).

Verlag von R. OLDENBOURG, München und Berlin.

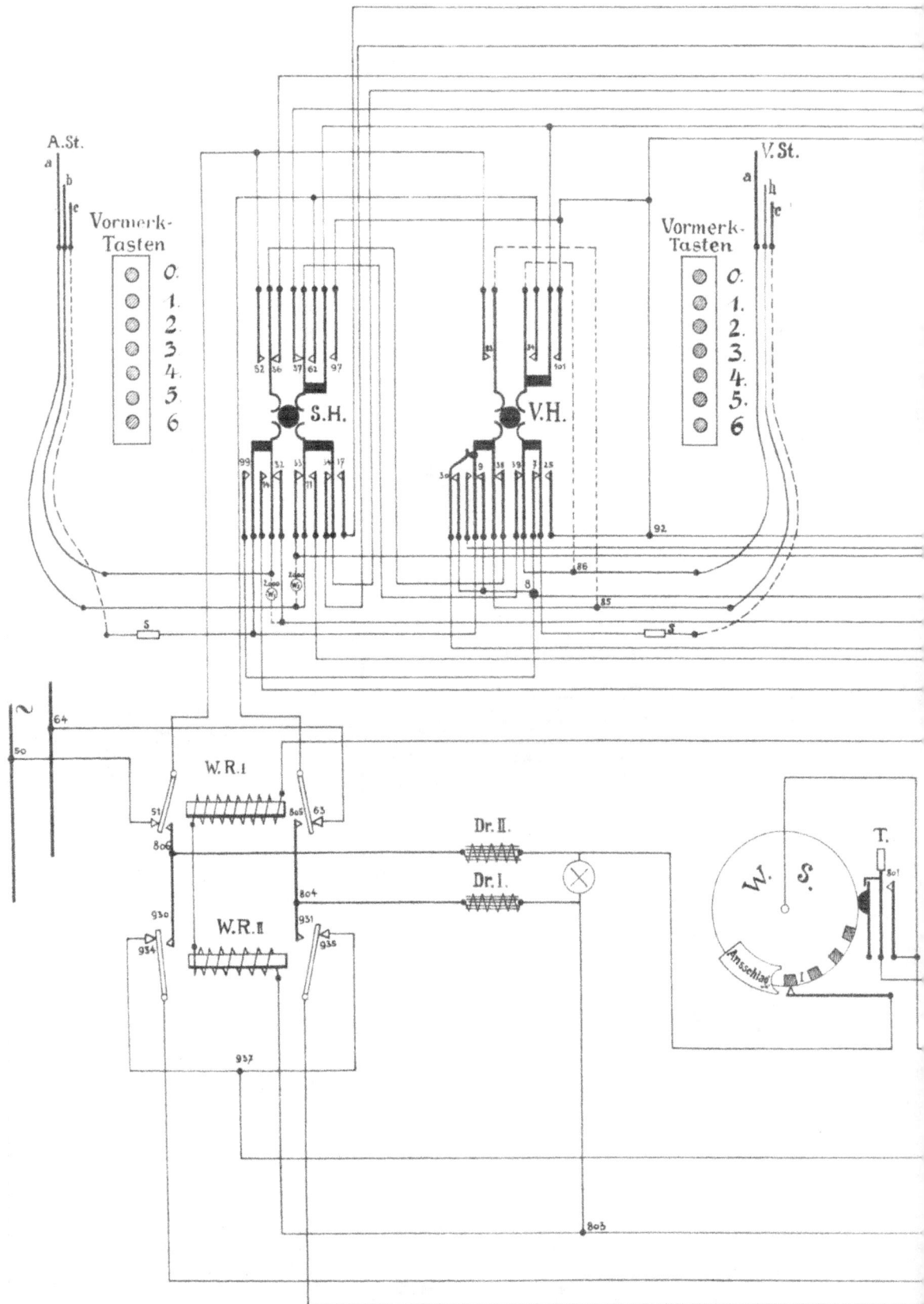

atischen Unterzentralen.

tung und Gruppenstellenwähler.

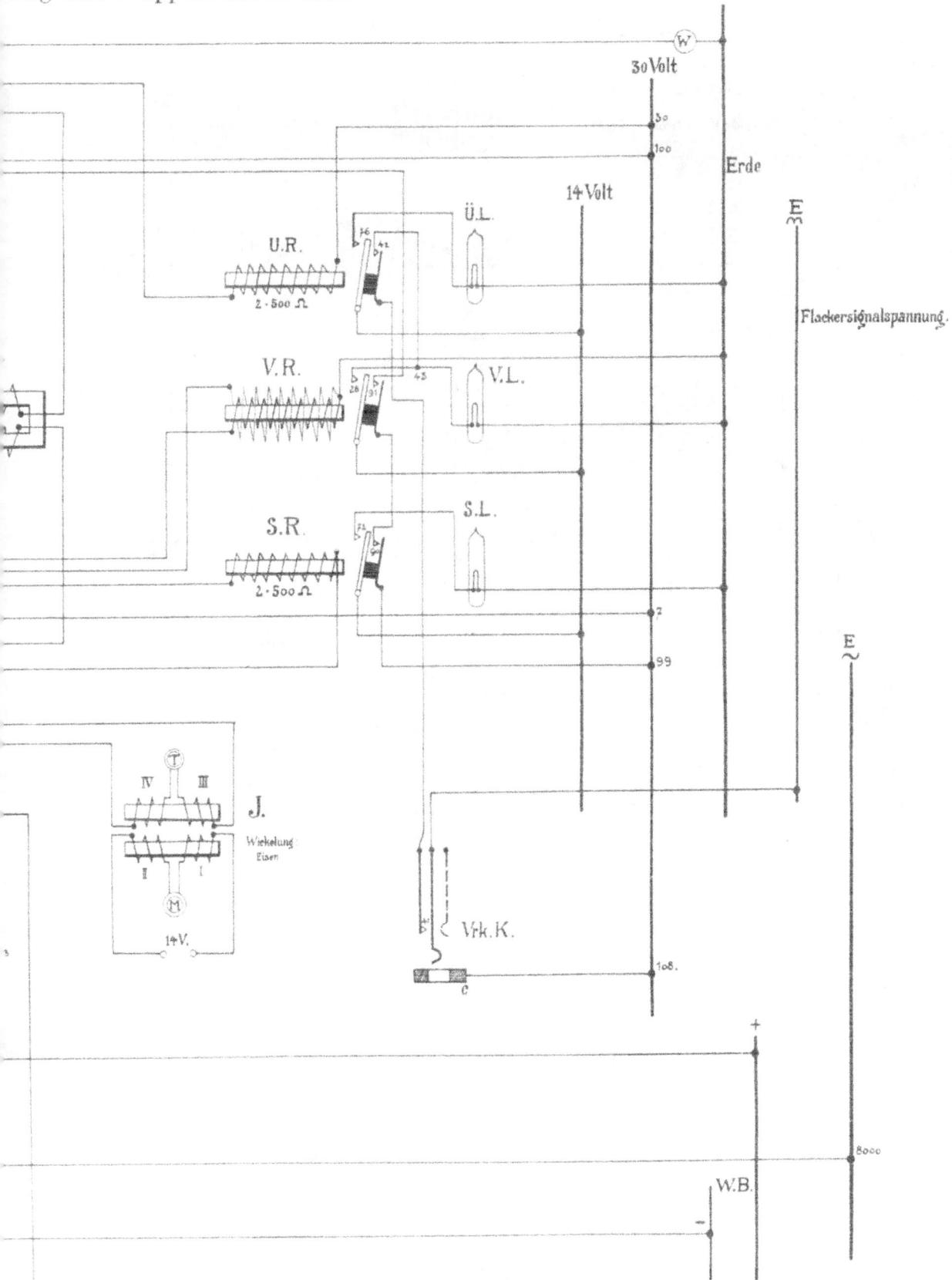

Verlag von R. OLDENBOURG, München und Berlin.

Anrufapparat für Hauptanschlüsse, Handbetriebszwischenstellen, automat. Grupp

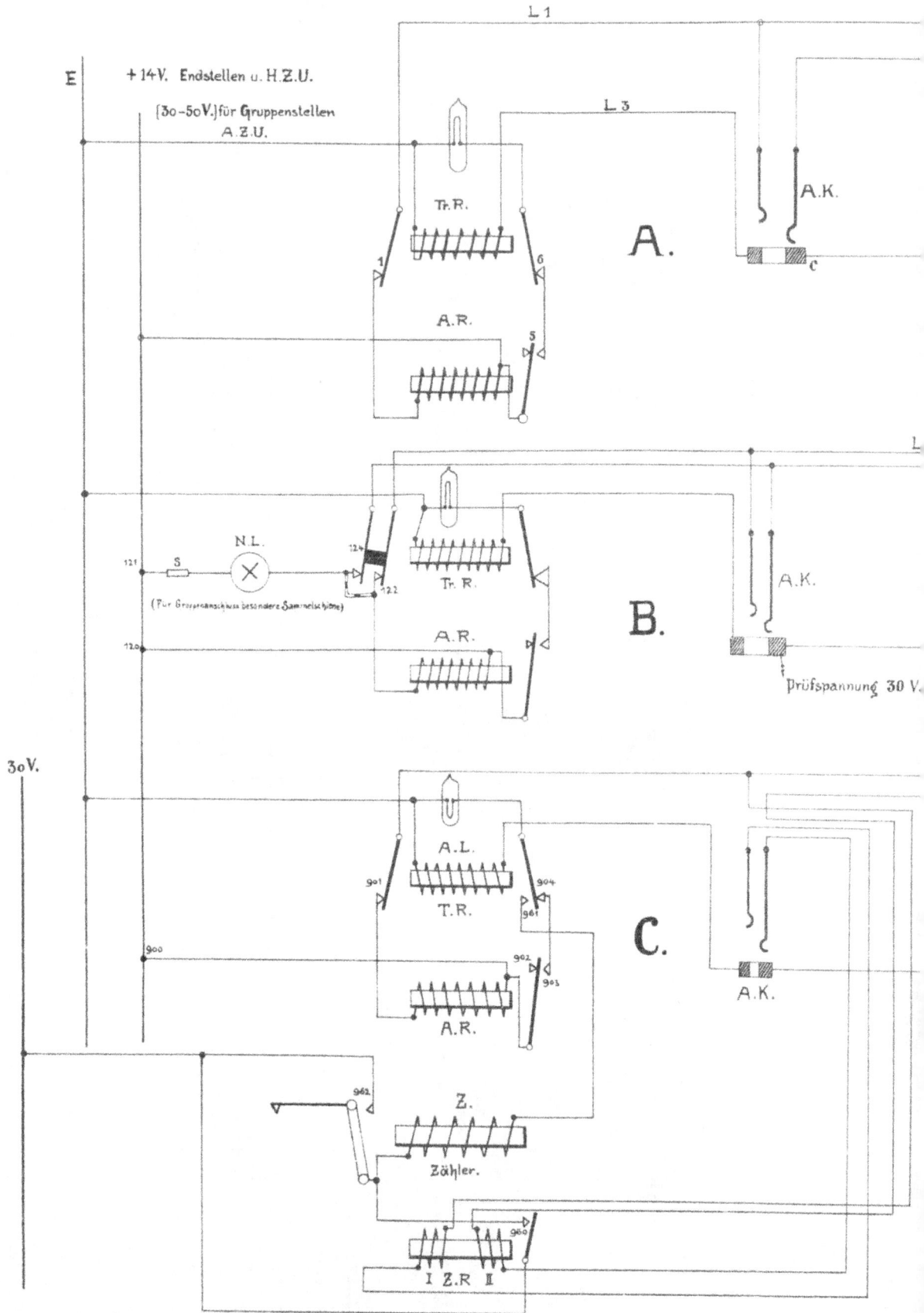

L 1

E

+ 14 V. Endstellen u. H.Z.U.

[30–50 V.] für Gruppenstellen
A.Z.U.

L 3

Tr. R.

A.K.

A.

c

1   6

A.R.   5

L

N.L.

121   S

(Für Gruppenanschluss besondere Sammelschiene)

124
Tr. R.

A.K.

B.

122

A.R.

120

Prüfspannung 30 V.

30 V.

A.L.

T.R.

A.K.

901   904

900   961

C.

902

903

A.R.

962

Z.

Zähler.

960

I Z.R II

schen Unterzentralen.

rechstellen mit selbsttät. mechan. Zähler und selbstkassierende Fernsprechstellen.

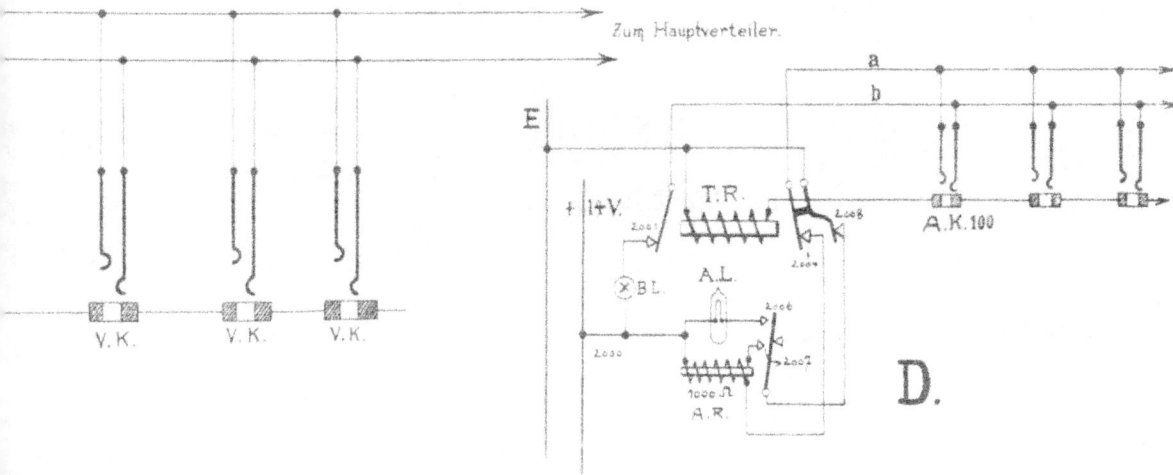

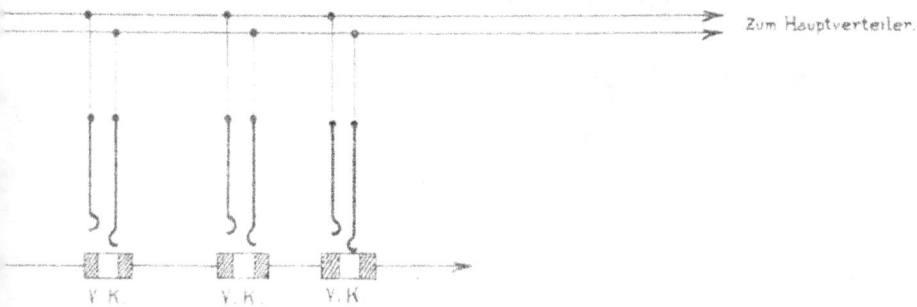

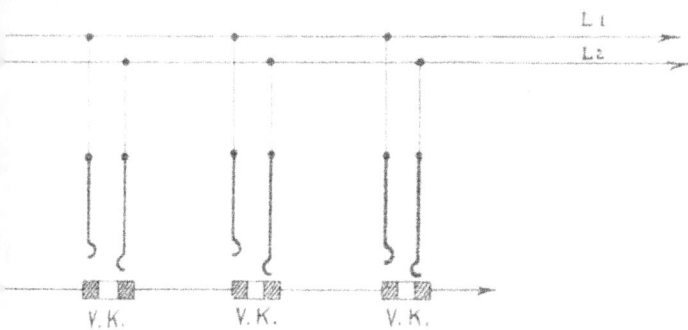

Zum Hauptverteiler.

E

a

b

+ 14V.

T.R.

A.K. 100

BL.

A.L.

D.

A.R.

Zum Hauptverteiler.

V.K.   V.K.   V.K.

V.K.   V.K.   V.K.

L 1

L 2

V.K.   V.K.   V.K.

Verlag von R. OLDENBOURG, München und Berlin.

R. № 5000.

H. Z. U. für 2 Doppelleitungen.

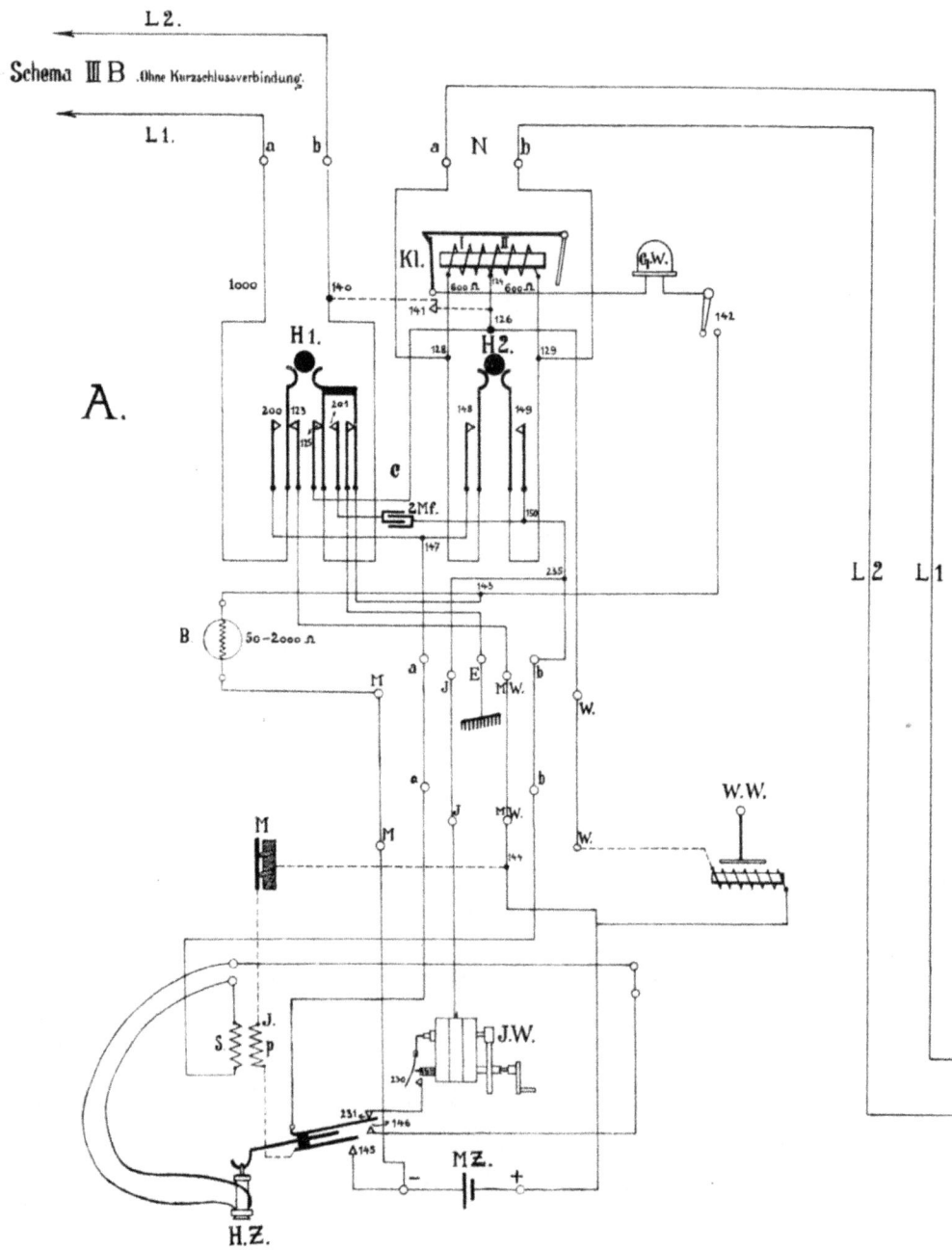

imschalter.

R.No. 8000.

H. Z. U. für mehr als 2 Doppelleitungen.

Ks.

Ausgleichswiderstand A.W.

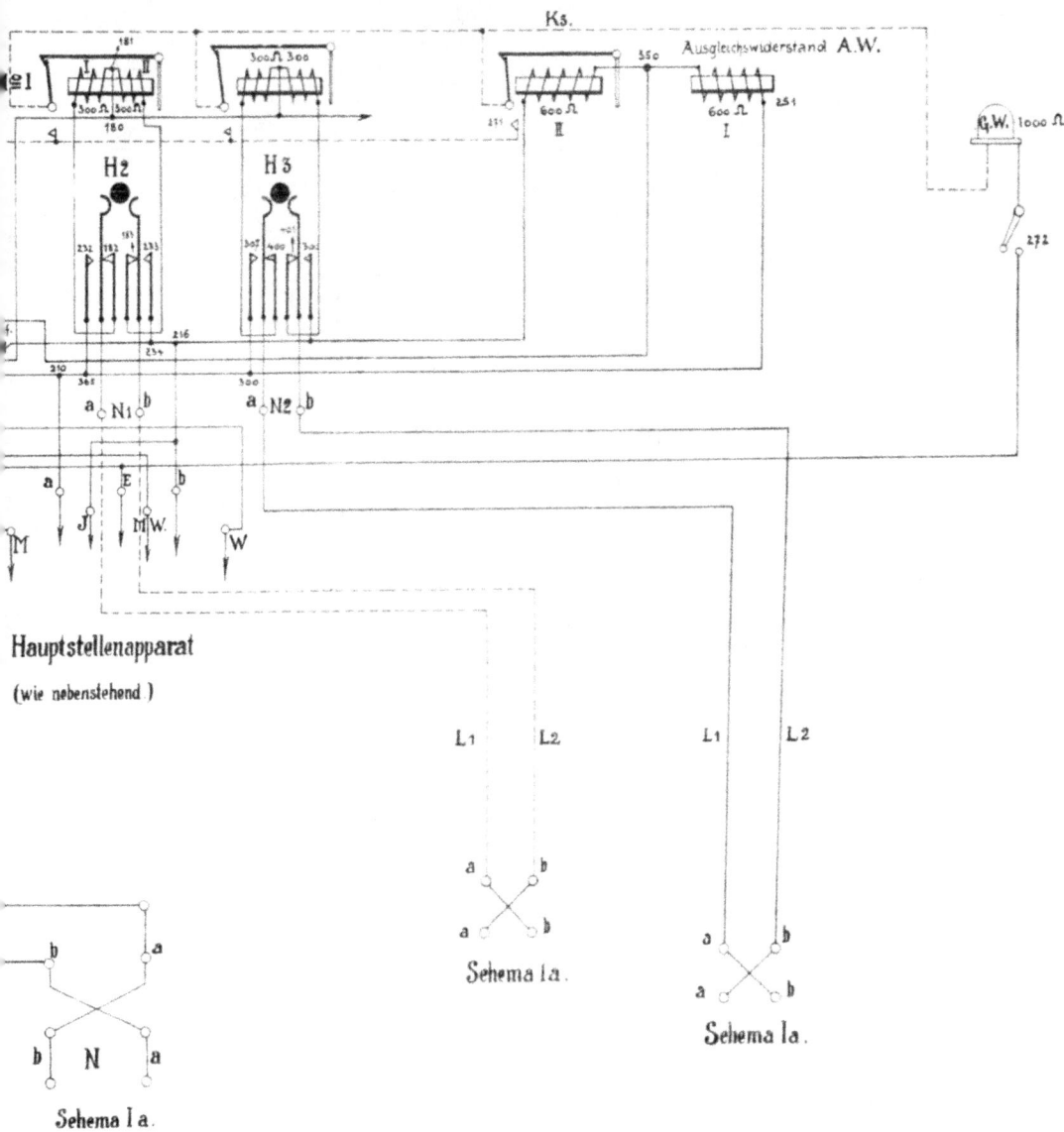

Hauptstellenapparat

(wie nebenstehend)

Schema I a.

Schema I a.

Schema I a.

Verlag von R. OLDENBOURG, München und Berlin.

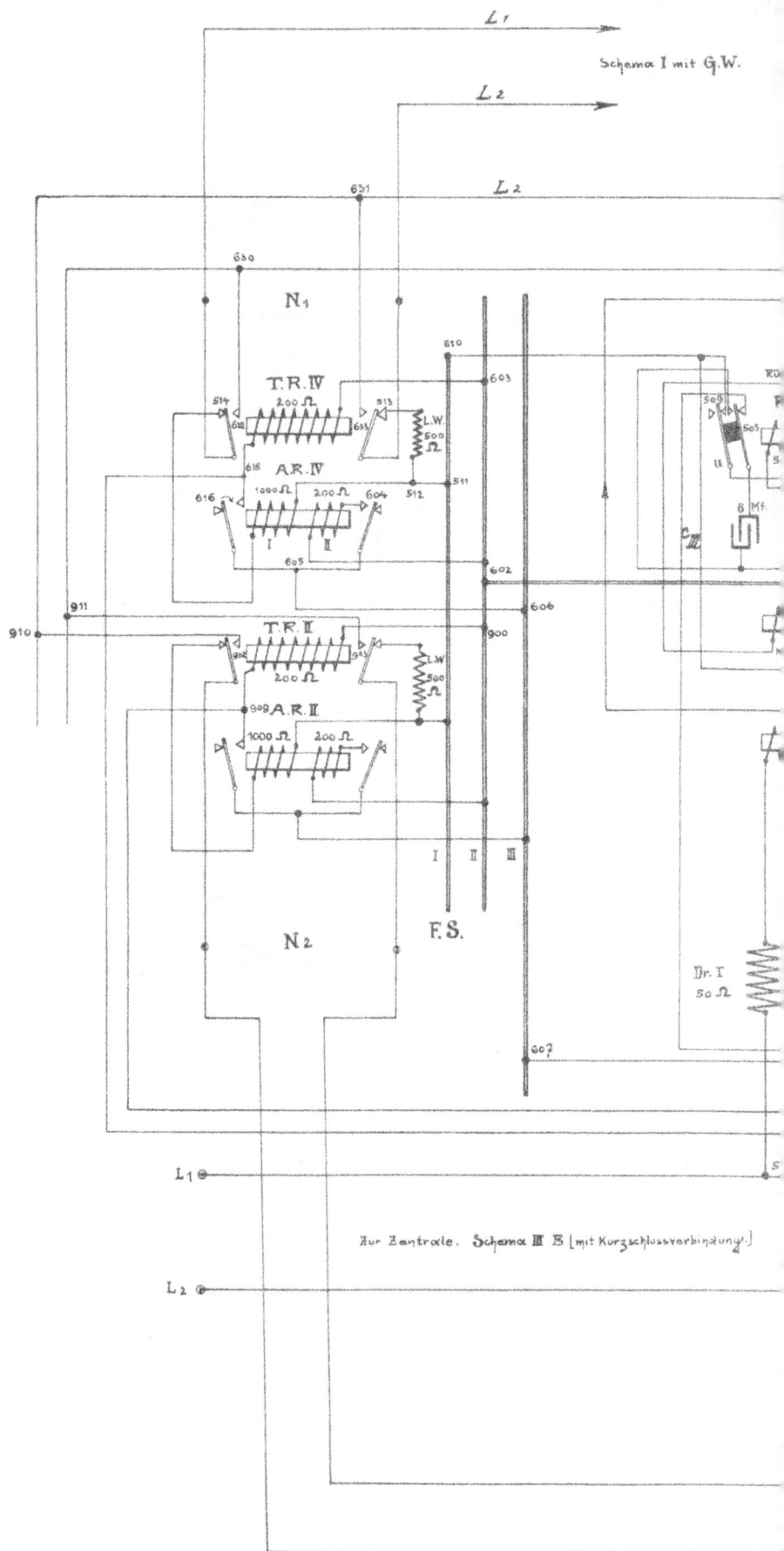

Automa

Schema I mit G.W.

L_1

L_2

L_2

N_1

T.R. IV
200 Ω

L.W.
500 Ω

A.R. IV
1000 Ω   200 Ω

I   II

N_2

F.S.

T.R. II
200 Ω

L.W.
500 Ω

A.R. II
1000 Ω   200 Ω

I   II   III

Dr. I
50 Ω

L_1

L_2

Zur Zentrale. Schema III B [mit Kurzschlussverbindung.]

entrale.

Gruppenumschalter für 10 Gruppenstellen
nsame Amts-Anschlufsleitung.

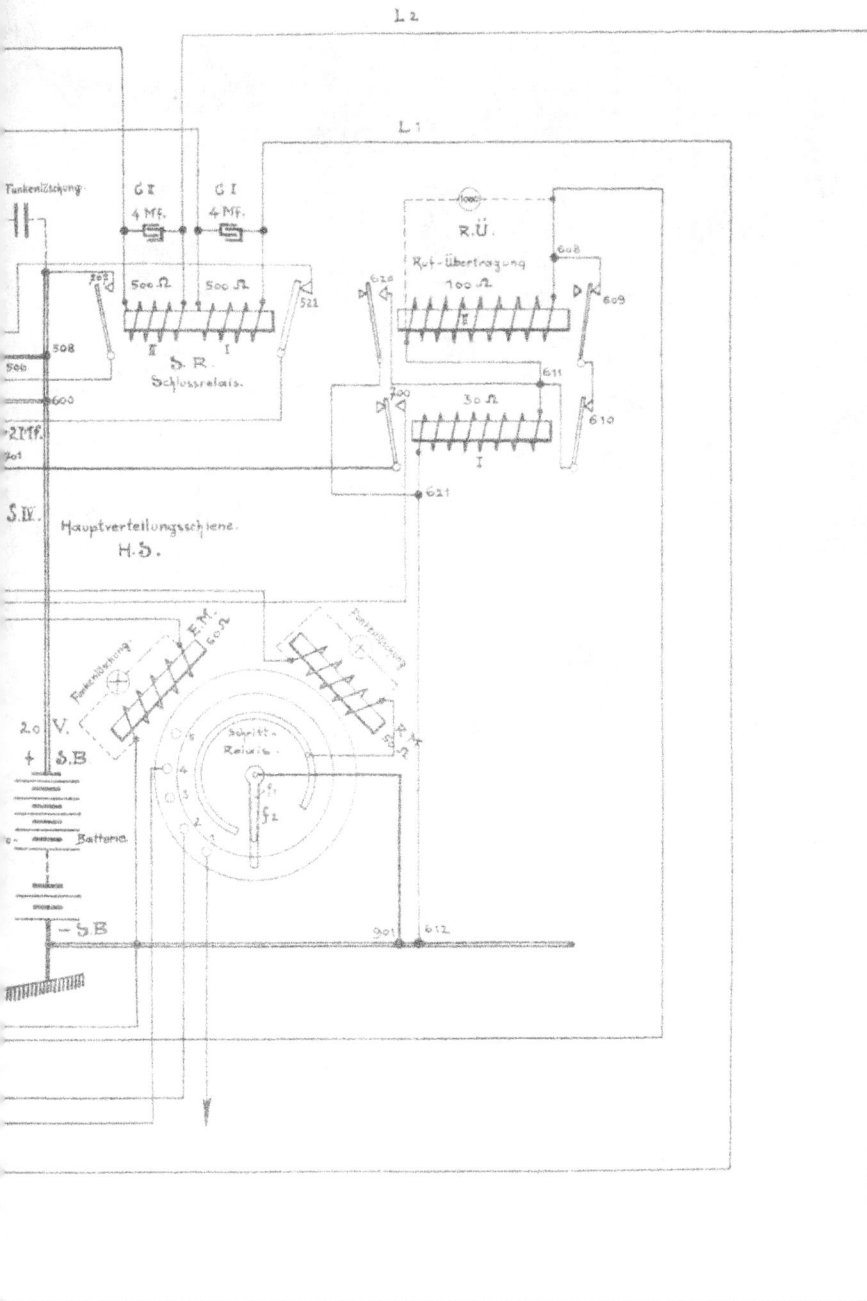

L 2

L 1

Funkenlöschung

G II
4 Mf.

G I
4 Mf.

R.Ü.
Ruf-Übertragung
100 Ω

608

520

609

521

500 Ω 500 Ω

II   I
S.R.
Schlussrelais.

508

500

30 Ω

611

610

506

600

I

=2Mf.

501

612

S.IV.

Hauptverteilungsschiene.
H.S.

E.M.
600 Ω

Funkenlöschung

Funkenlöschung

2.0 V.

+ S.B

Schritt-
Relais.

K

Batterie.

f₁

f₂

— S.B

901 612

Schema I mit G.W

Verlag von R. OLDENBOURG, München und Berlin.

Selbstanschluß-Gruppenste

Elekt

Fig. a.

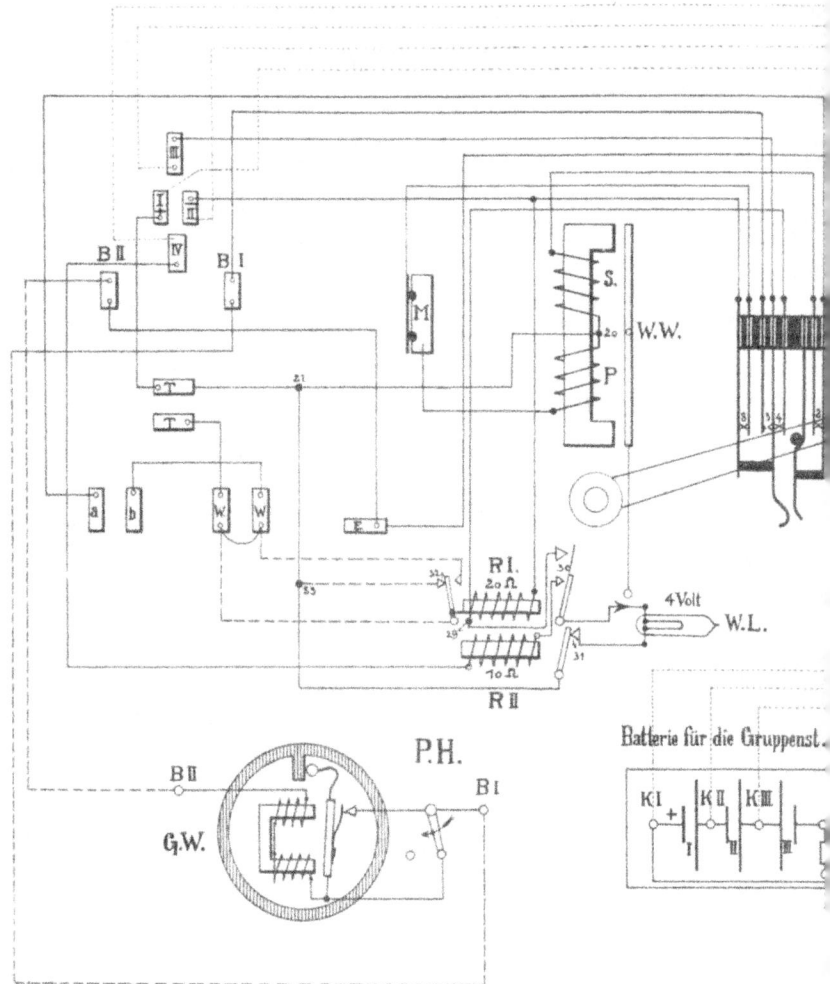

onen-Kontrollvorrichtung.

ähler.

Fig. b.

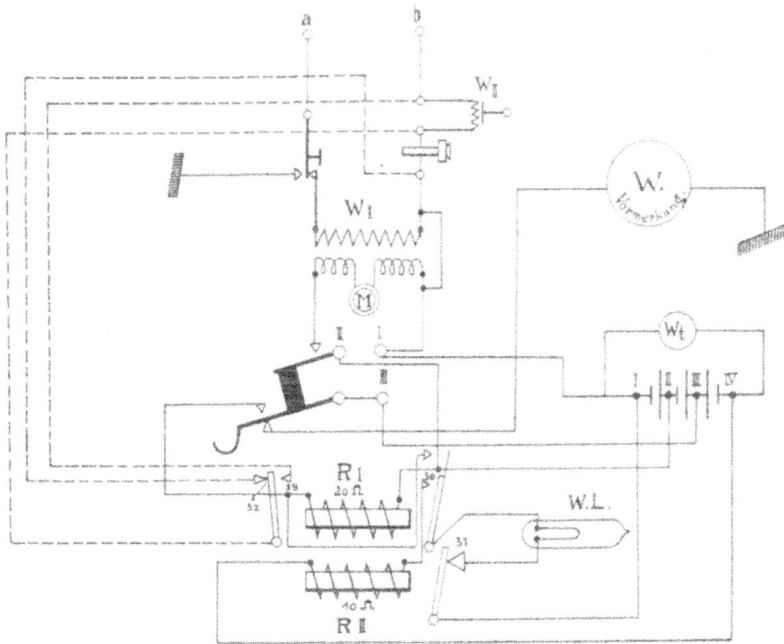

Verlag von R. OLDENBOURG, München und Berlin.

Handbetriebszentrale mit Einrich

Verbindungsapparat für Sprechstellen mi

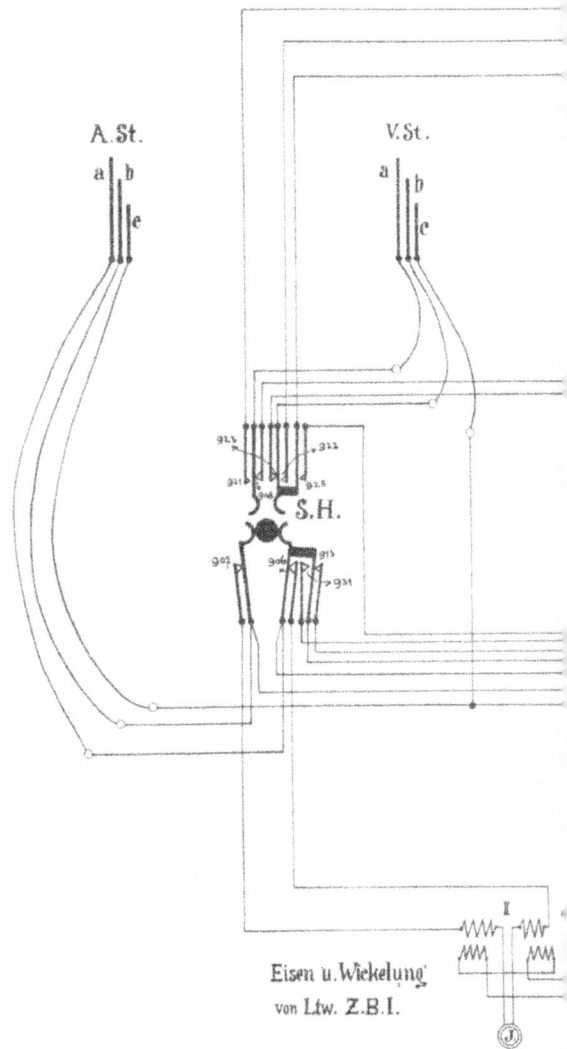

A.St.

a b

e

V.St.

a b

e

S.H.

Eisen u.Wickelung
von Ltw. Z.B.I.

peltes, automat. Schlußzeichen.

mechanischen Gesprächszähler im Amt.

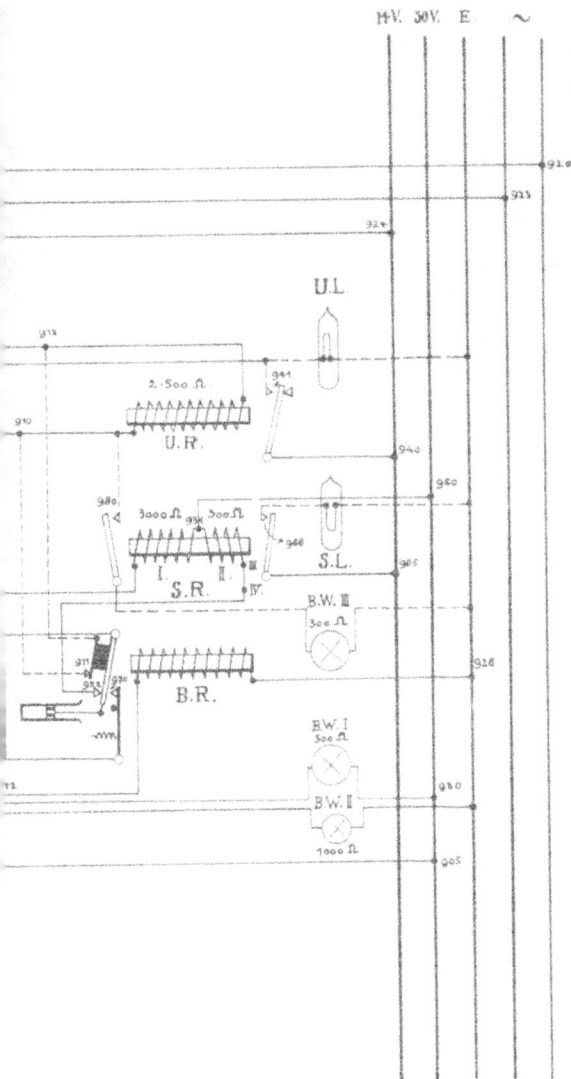

nikrophon.

Verlag von R. OLDENBOURG, München und Berlin.

Handbetriebszentrale mit Einri

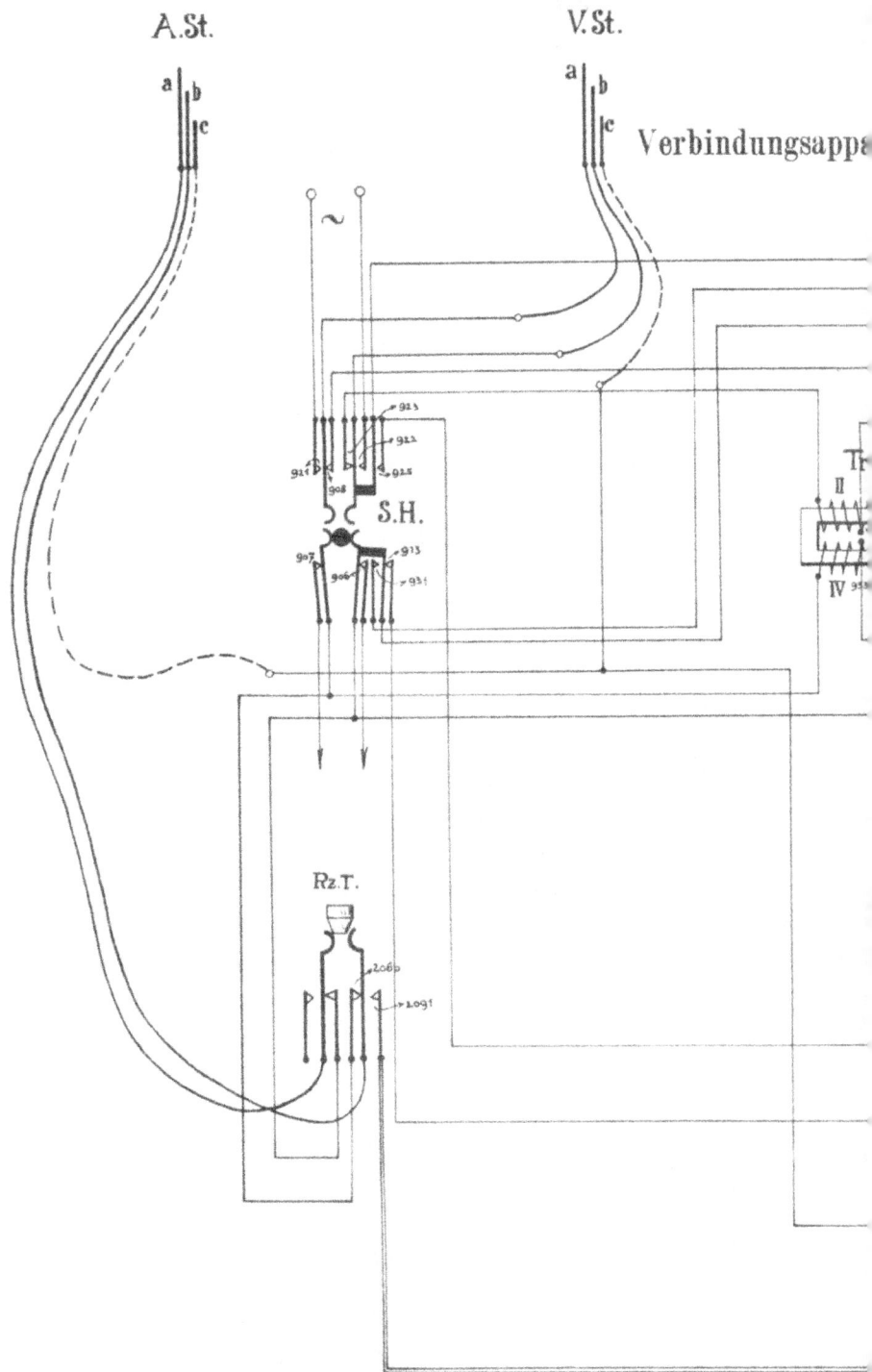

A.St.

V.St.

a b c

a b c

Verbindungsapp

~

911

912

915

908

S.H.

907

906

913

931

Tr

II

IV

Rz.T.

2066

1091

ppeltes, automat. Schlußzeichen.

assierende Fernsprechstellen.

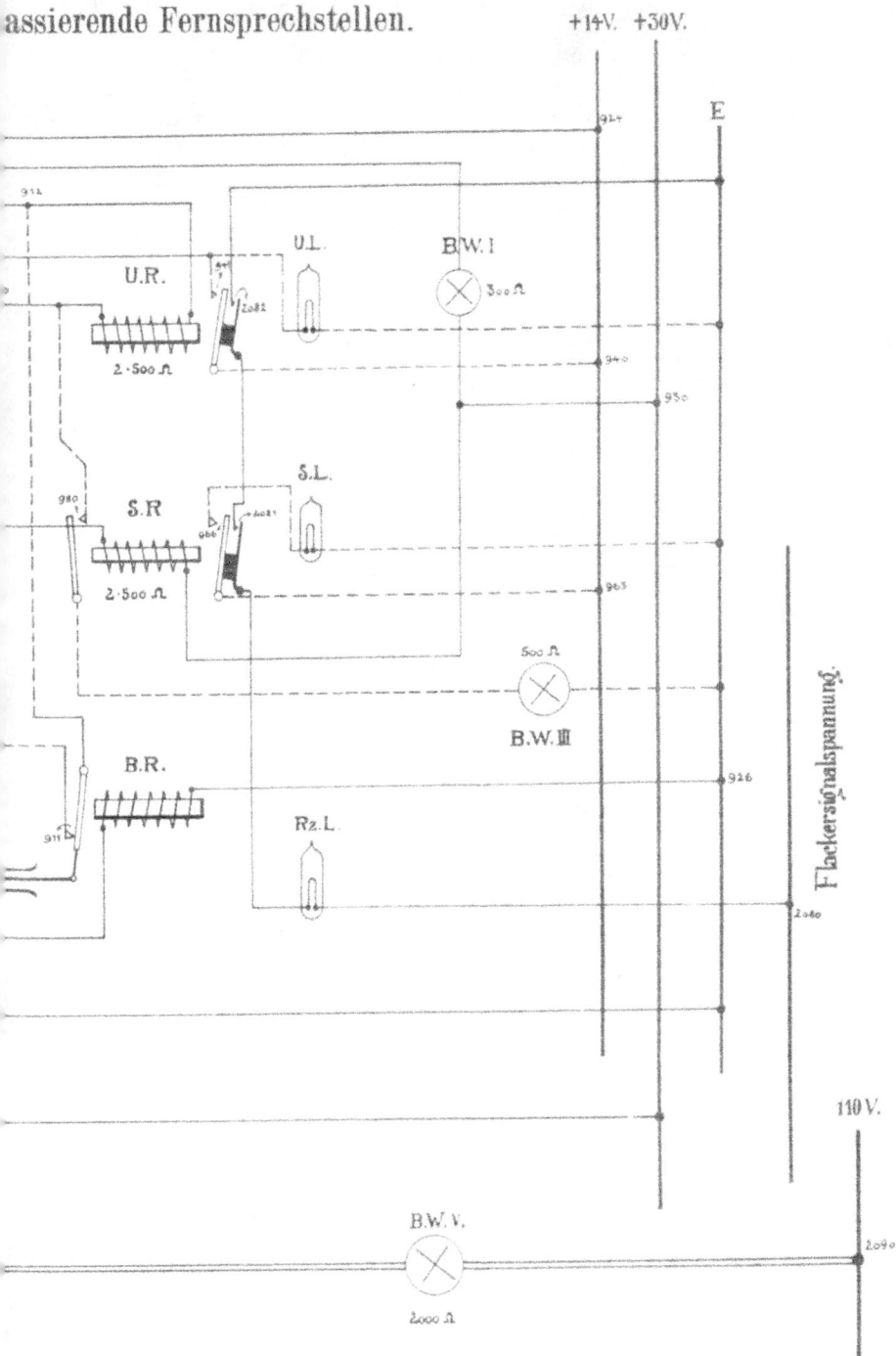

+14V. +30V.

E

U.L.

B.W. I

U.R.

2082

300 Ω

2·500 Ω

S.L.

S.R

2·500 Ω

500 Ω

B.W. III

B.R.

Rz.L.

Flackersignalspannung.

110 V.

B.W. V.

2000 Ω

Verlag von R. OLDENBOURG, München und Berlin.

Selbstkassierende Fernsprechstelle.

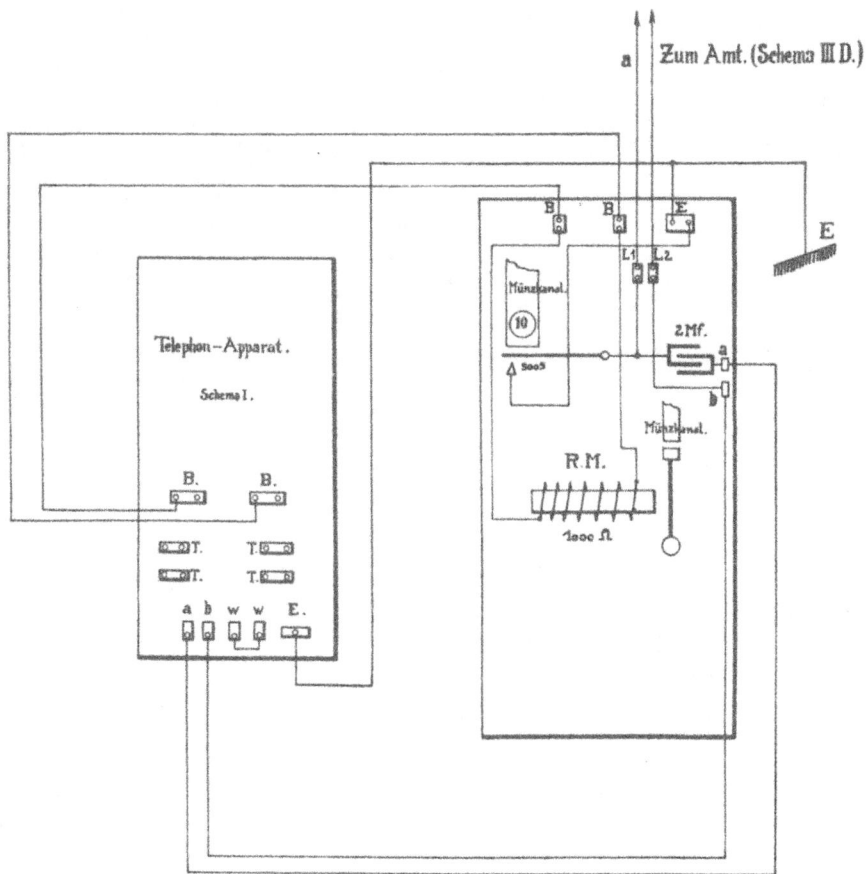

Verlag von R. OLDENBOURG, München und Berlin.

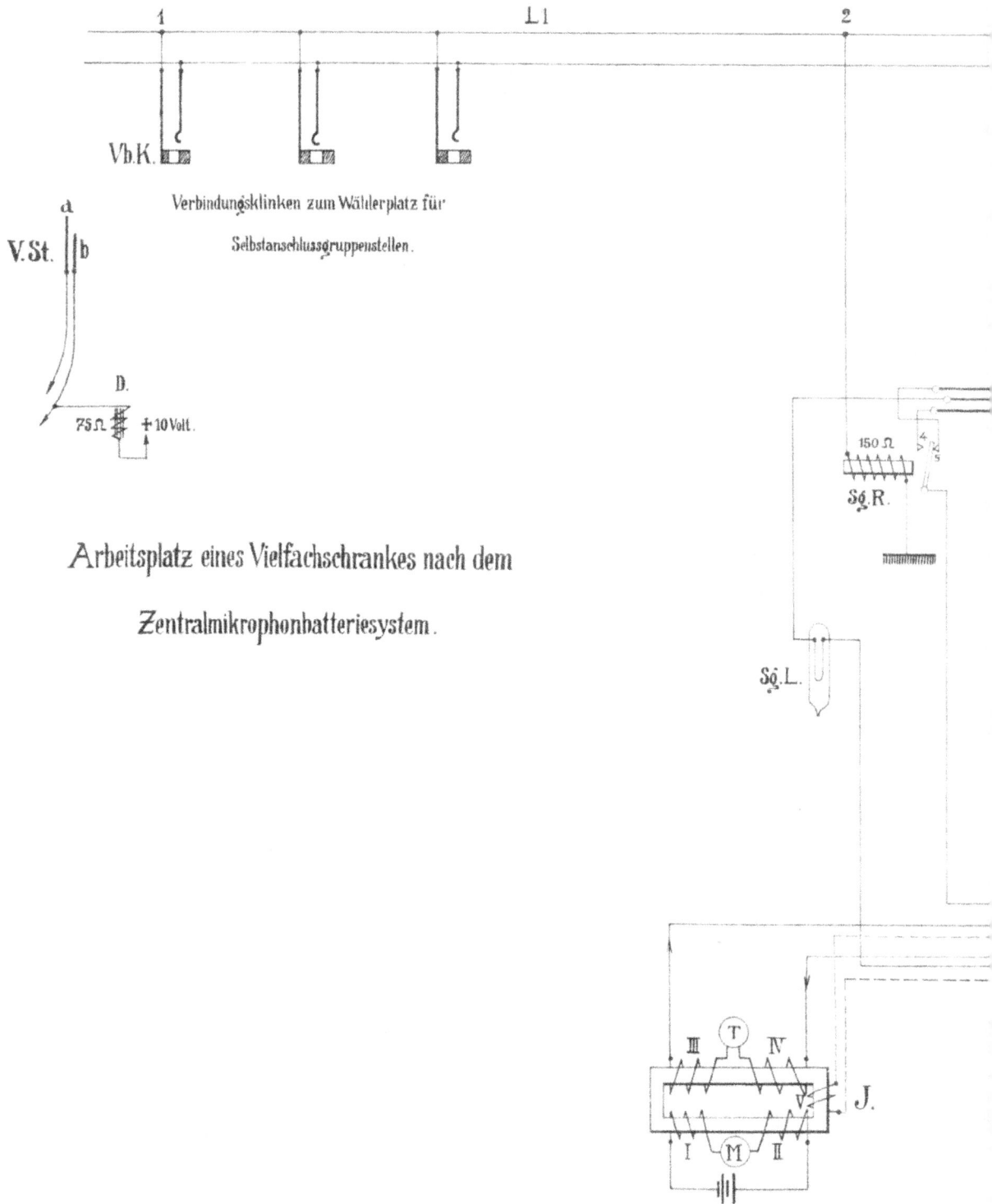

1   L1   2

Vb.K.

Verbindungsklinken zum Wählerplatz für

Selbstanschlussgruppenstellen.

a

V.St. b

D.

75 Ω   + 10 Volt.

150 Ω

Sg.R.

Sg.L.

Arbeitsplatz eines Vielfachschrankes nach dem

Zentralmikrophonbatteriesystem.

III   T   IV

J.

I   M   II

s in den prakt. Betrieb bestehender Anlagen.

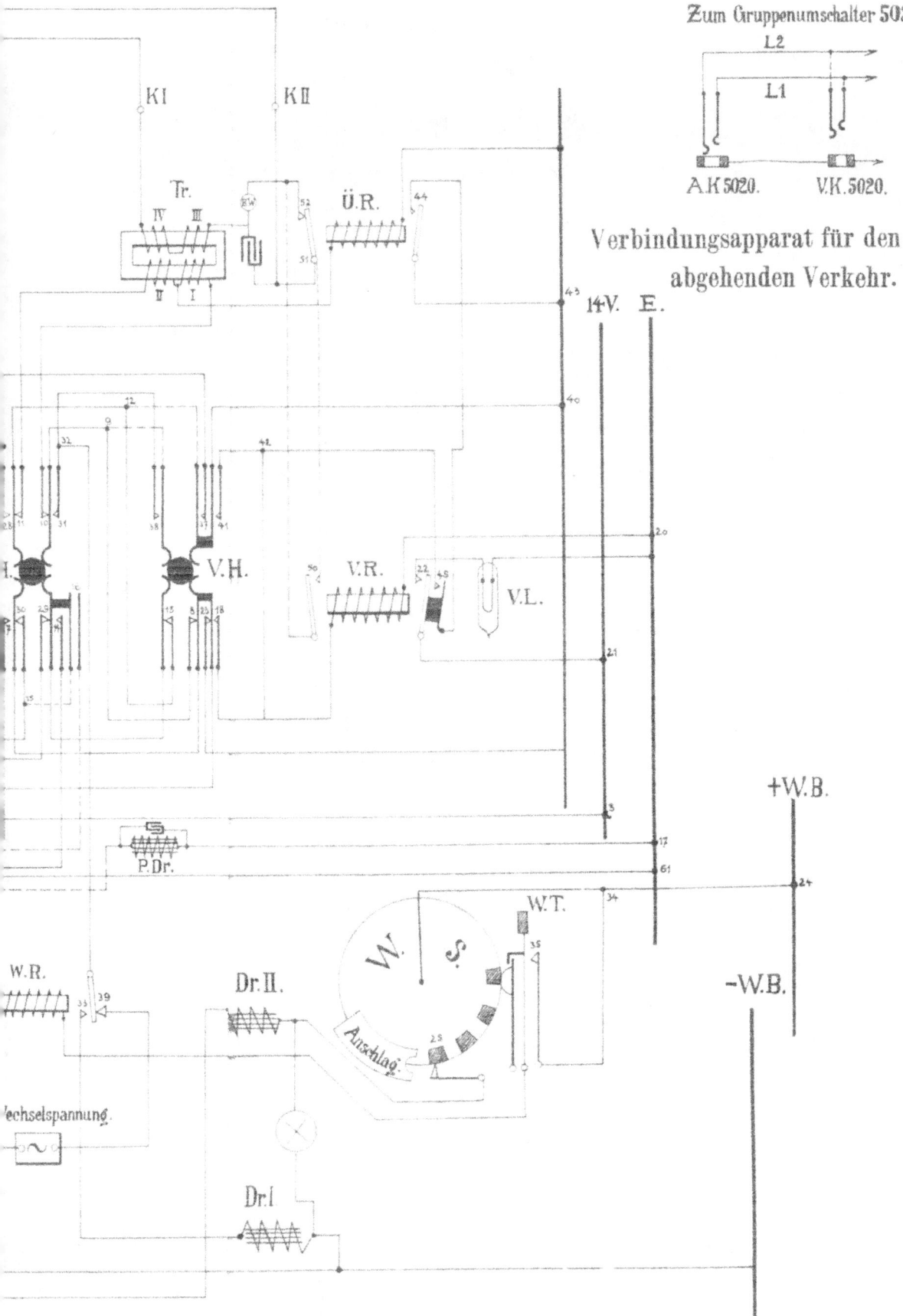

Zum Gruppenumschalter 5020.

L2

L1

A.K 5020.   V.K.5020.

Verbindungsapparat für den
abgehenden Verkehr.

KI   KII

Tr.   Ü.R.

IV III

II I

V.H.   V.R.   V.L.

14V.   E.

+W.B.

P.Dr.

W.T.

W.   S.

W.R.   Dr.II.

Anschlag.

Dr.I

-W.B.

Wechselspannung.

Verlag von R. OLDENBOURG, München und Berlin.

Nᵒ 1250

Multiplexkabel von den Vielfachschränken der bestehenden Anlage.

Nᵒ 450

Multiplexkabel für die Vielfachschränke mit Gruppenstellenanschluss.

Zur Selbstanschlussgruppe Nᵒ 5020.

L1

Multiplexkabel von den Vielfachschränken der bestehenden Anlage (Ortsfernschränken) zum Anschluss der Verbindgsklinken

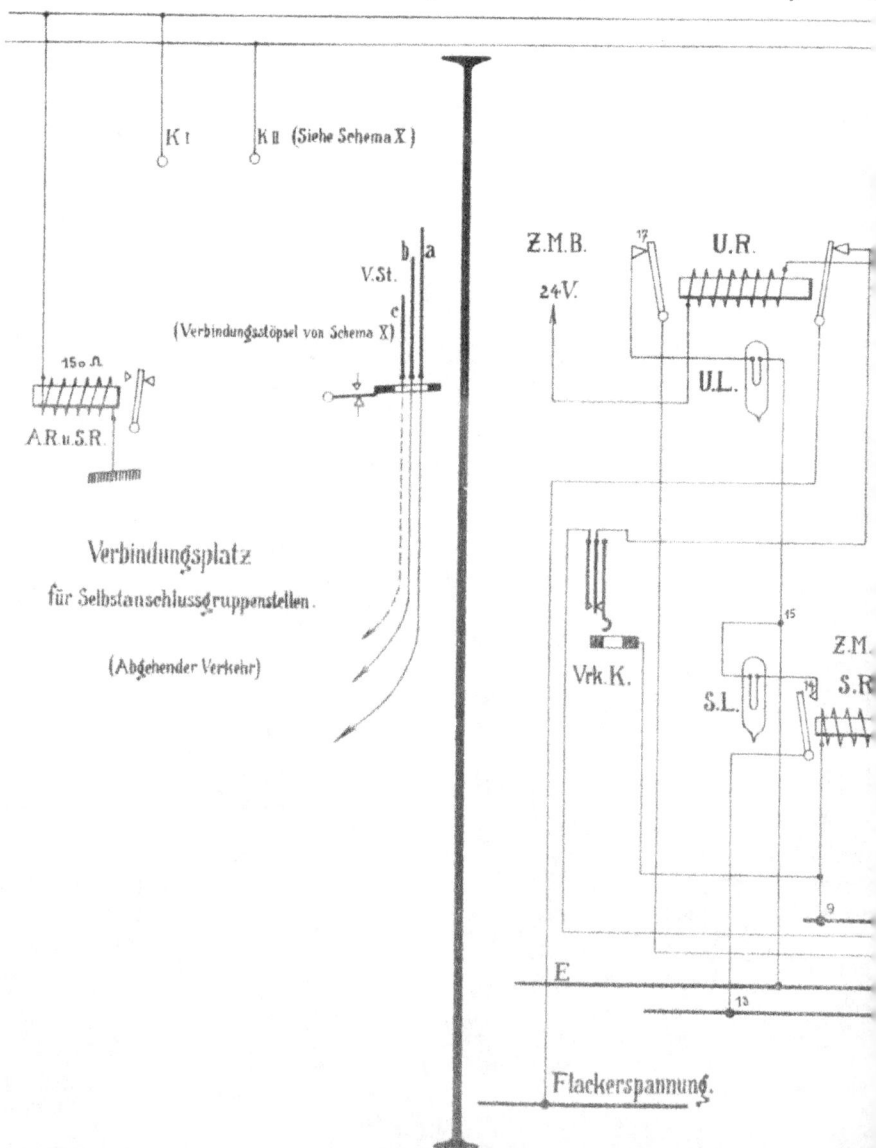

K I   K II   (Siehe Schema X)

Z.M.B.   U.R.

24 V.

U.L.

b a

V.St.

c

(Verbindungsstöpsel von Schema X)

150 Ω

A R u. S.R.

Verbindungsplatz

für Selbstanschlussgruppenstellen.

(Abgehender Verkehr)

Vrk. K.   Z.M.

S.L.   S.R

E

Flackerspannung.

in den prakt. Betrieb bestehender Anlagen.

Verbindungsapparat für den
ankommenden Verkehr.

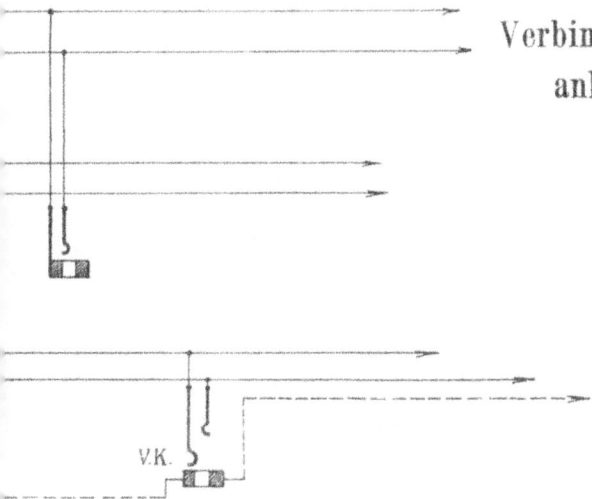

V.K.

en-Arbeitsplatz.

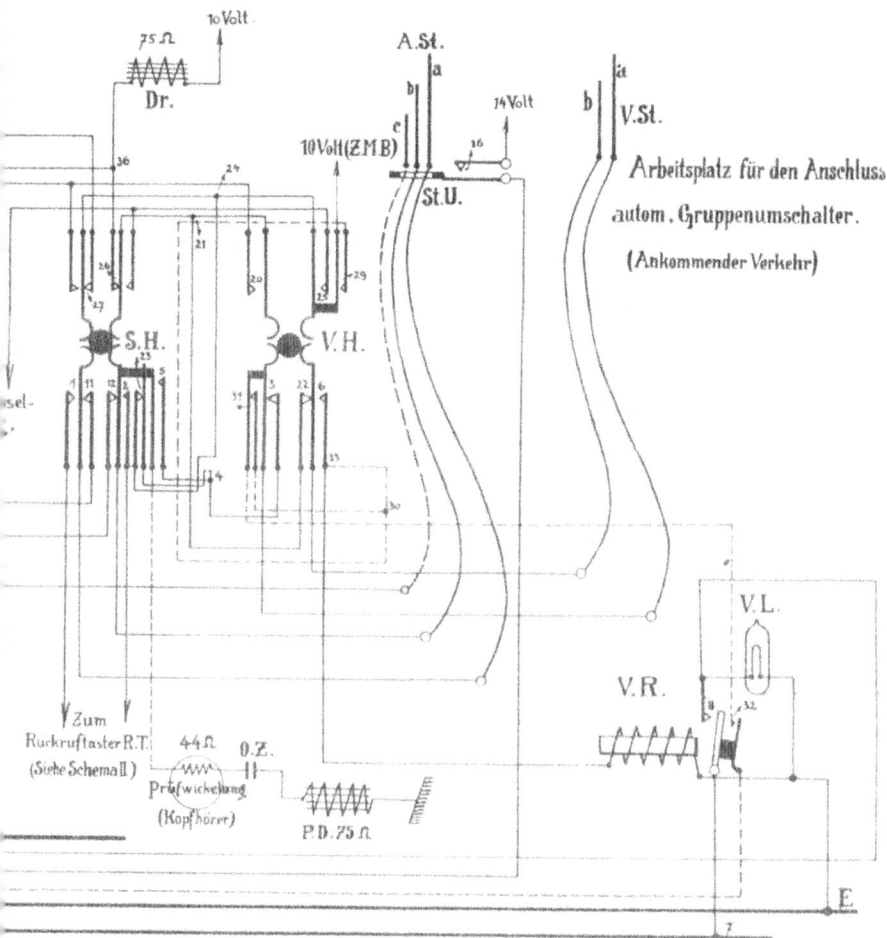

10 Volt.

75 Ω

Dr.

A.St.

a

b

c

14 Volt

10 Volt (ZMB)

16

St.U.

b

a

V.St.

Arbeitsplatz für den Anschluss
autom. Gruppenumschalter.

(Ankommender Verkehr)

36

21

S.H.

V.H.

V.L.

V.R.

Zum
Ruckruftaster R.T.
(Siehe Schema II.)

44 Ω

O.Z.

Prüfwickelung
(Kopfhörer)

P.D. 75 Ω

E

Verlag von R. OLDENBOURG, München und Berlin.

Automatische Einstellungskorrektion bei Fremdstromerregung.

(Zusatz zum Gruppenumschalter $G \frac{10}{1}$)

Figur 1.

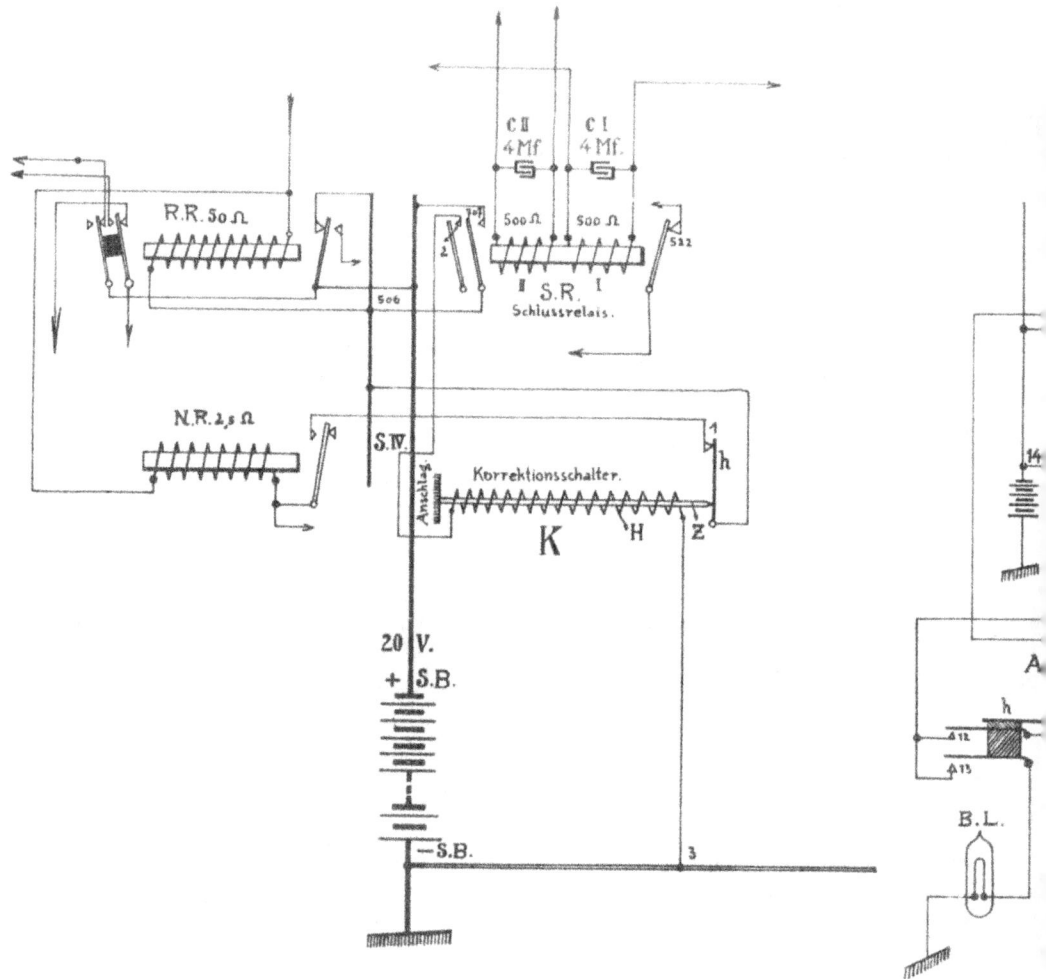

ischen Unterzentralen.

nf-u. Nummernschalter für die Gruppenstellen der automatischen Unterzentralen.

Figur 2.

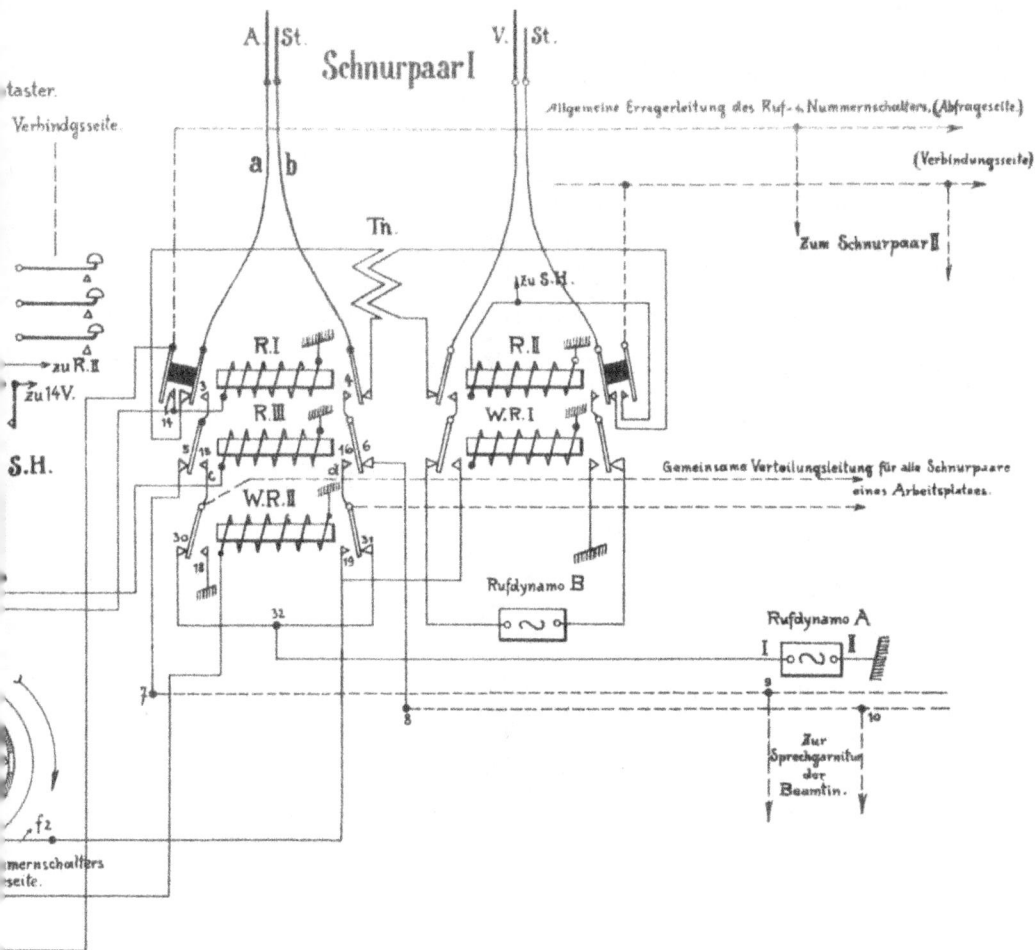

Verlag von R. OLDENBOURG, München und Berlin.